JN257312

【まえがき】

本書は、公益社団法人　土木学会建設マネジメント委員会内に平成24年～25年度に設置された将来ビジョン特別小委員会で議論された成果を、一般の読者に分かり易く伝えるために再編されたものである。

我が国の戦後、高度経済成長を支えたインフラ整備への投資拡大は、我が国の建設産業並びに土木技術の発展に大きな影響を与えた。企業規模が増大するとともに、海外の先進的な技術を積極的に導入し、我が国の自然や社会条件に適応した技術に発展させ、各現場においてもイノベーションが生まれた。一方で、約50年増加し続けた建設投資は1990年代半ばをピークに減少を続け、2014年現在、統計上の建設投資は、ピーク時に比べて半減し、我が国の経済も停滞の長いトンネルから抜け出るために、もがいている状況である。

一般に、産業の盛衰は、30年周期とも言われ、一つのビジネスモデルが30年以上成功し続けることはないことは歴史が証明している。インフラ事業は、国の経済発展や生活の安全・安心を支えるため、今後も継続して必要であることには変わりはないが、我が国の建設産業がこれまでと同様のビジネスモデルで今後も継続して発展を続ける保証はない。建設産業における新しいビジネスモデル、いわゆる将来ビジョンを考える必要がある。

そこで、平成24年に建設マネジメント委員会委員長として、この問題に応えるために、産官学で構成される優秀な若手土木技術者を招集し、我が国建設産業における将来ビジョンを考えることを要請した。本来、産業の将来ビジョンを考えるのは、経営層の役目である。しかし、描かれた将来ビジョンを実現させるためには、１０年スパンの継続した取組みが必要であり、また成功したモデルの恩恵に預かるのは、現在の若手である。さらに、社会の変化を敏感に感じ取り、柔軟な発想で物事を捉えることにも若手は優れている。

２年間という短い委員会期間にも関わらず、普段の忙しい業務の合間に熱い議論を重ねて頂いた結果、３つの方向性からなる将来ビジョンが掲示されている。これらは、インフラ事業に関わるサービスを通して、将来の社会に貢献したいという想いに基づいている。建設産業における若手土木技術者が目指す将来像を自ら設定したものであり、宣言書とも言える。描いた将来ビジョンを実現するのは、これからであり、活動としては、これからが本番である。今後の一層の活動に、エールを贈りたい。

最後に、成果を取り纏めるまで精力的に活動して頂いた将来ビジョン特別小委員会委員各位、特に、若手の委員を適切にリードして頂いた高野委員長と塩釜幹事長には、心より御礼申し上げるとともに、これらの活動に刺激を受ける若者の輪が一層拡大することを祈念いたします。

平成２７年３月　吉日

公益社団法人　土木学会建設マネジメント委員会
前委員長　小澤 一雅（東京大学大学院工学系研究科）

未来は土木がつくる。
これが僕らの土木スタイル！

The future will be made by Doboku.
This is The Our Doboku-Style !

March,2015
Japan Society of Civil Engineers

目次

未来は土木がつくる。これが僕らの土木スタイル！

付録

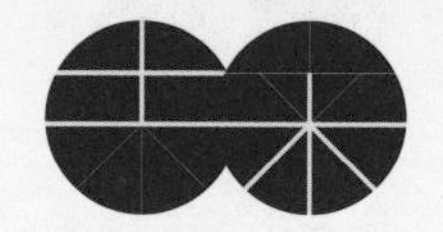

1

ドボクサイコウ

いま土木が求められる理由

ドボクサイコウ

再興・再考・最高

いま土木が求められる理由

古来より人々の生活や産業の基盤を築いてきた土木技術。時代が進むにつれて、生活や産業のスタイルも日々刻々と変化しており、土木技術に求められる役割も変わりつつある。

これからの土木のスタイルを語る前に、国内および世界において、「日本の土木」が置かれている状況と果たすべき責任、そしていま土木が求められる理由を整理してみよう。

東急電鉄東横線（渋谷駅〜代官山駅間）地下化工事

東京都／2013年3月15日〜16日

鉄道利用客に影響を及ぼさないため、2013年3月15日の終電から翌16日の始発までの間、わずか3時間半で線路の地下化切替工事を完了。この工事は国内だけでなく世界的な話題となり、「日本の土木」の技術力が高く賞賛された。

出典：「土木学会第81回イブニングシアター」（2014年10月8日）上映映像より

ドボクサイコウ—いま土木が求められる理由　その❶

自然との共生は永遠のテーマ

自然災害大国

NIPPON

自然災害から絶対に逃れられない日本

われわれが住む日本という国土は、安全に安心して生活していく上で、非常に厳しい自然環境にさらされている。これまでの歴史を振り返ってみても、台風や地震、火山噴火、大雨、洪水、地滑りなどの自然災害が繰り返し発生し、その都度多くの犠牲を出してきた。

そうした過酷な環境の中、我々は堤防や洪水調整施設等のインフラを造ることにより、我が身を守ってきた。そのおかげで、例えば台風による洪水の被害は昭

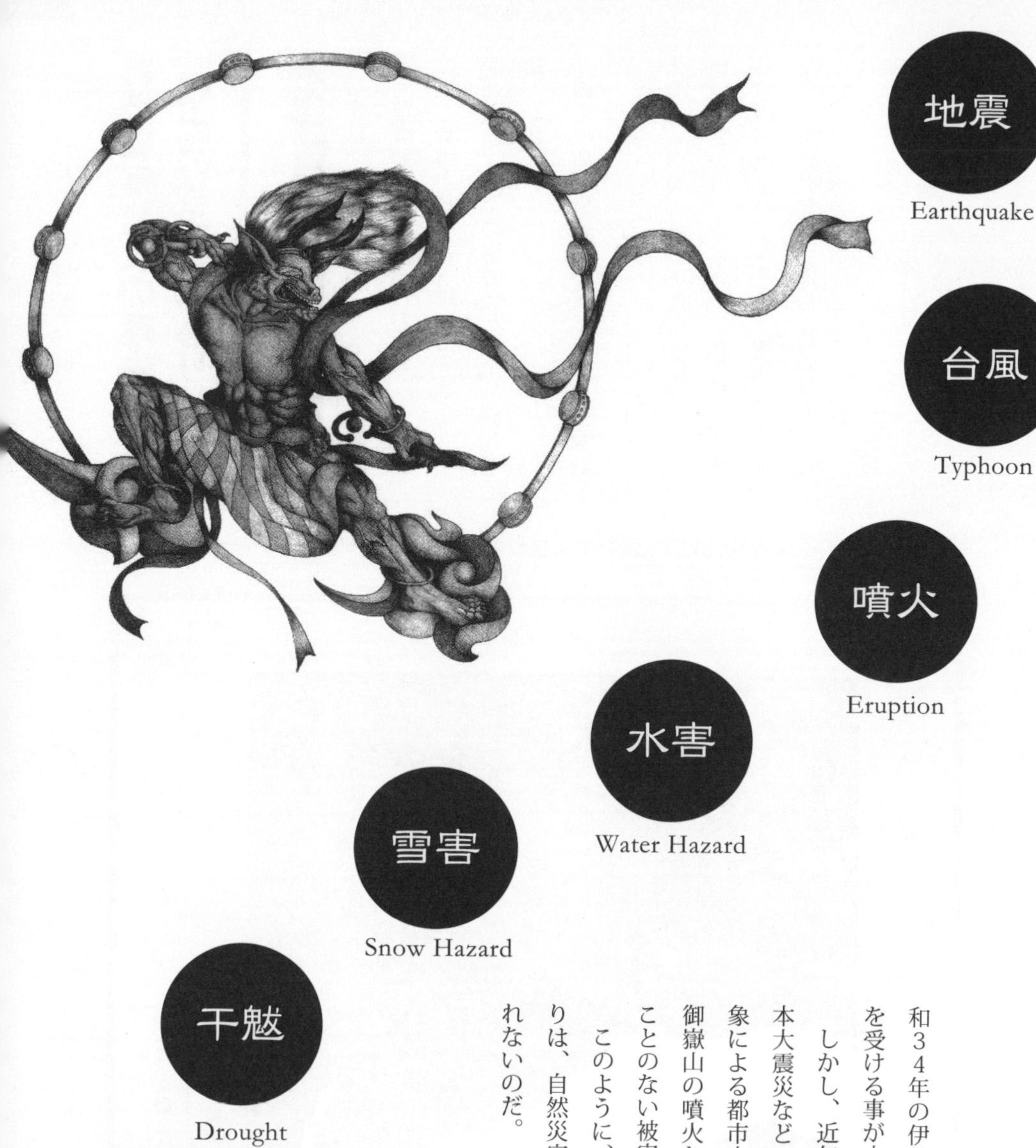

和３４年の伊勢湾台風以来、甚大な被害を受ける事が少なくなった。

　しかし、近年の阪神淡路大震災や東日本大震災などの巨大地震のほか、異常気象による都市水害や土砂災害、さらには御嶽山の噴火などのこれまでに経験したことのない被害にさらされてきている。

　このように、日本という国土に住む限りは、自然災害の脅威から絶対に逃れられないのだ。

自然災害発生の理由は『国土の特徴』にあり

国土全域で大地震の可能性がある

日本は、国土の至るところで、大地震の可能性がある。最近では阪神・淡路大震災、新潟中越地震、東日本大震災などが発生し、多くの犠牲者、経済的損失を負うこととなった。

国土面積は世界の0・25％しかないが、世界中のマグニチュード6以上の巨大地震の20％が日本で発生しているといわれている。そのため、国土に建設する道路や橋梁、トンネル、建物はすべて巨大地震を想定して造らなければならない。

1960年から2011年にかけての日本付近で発生した地震の分布図

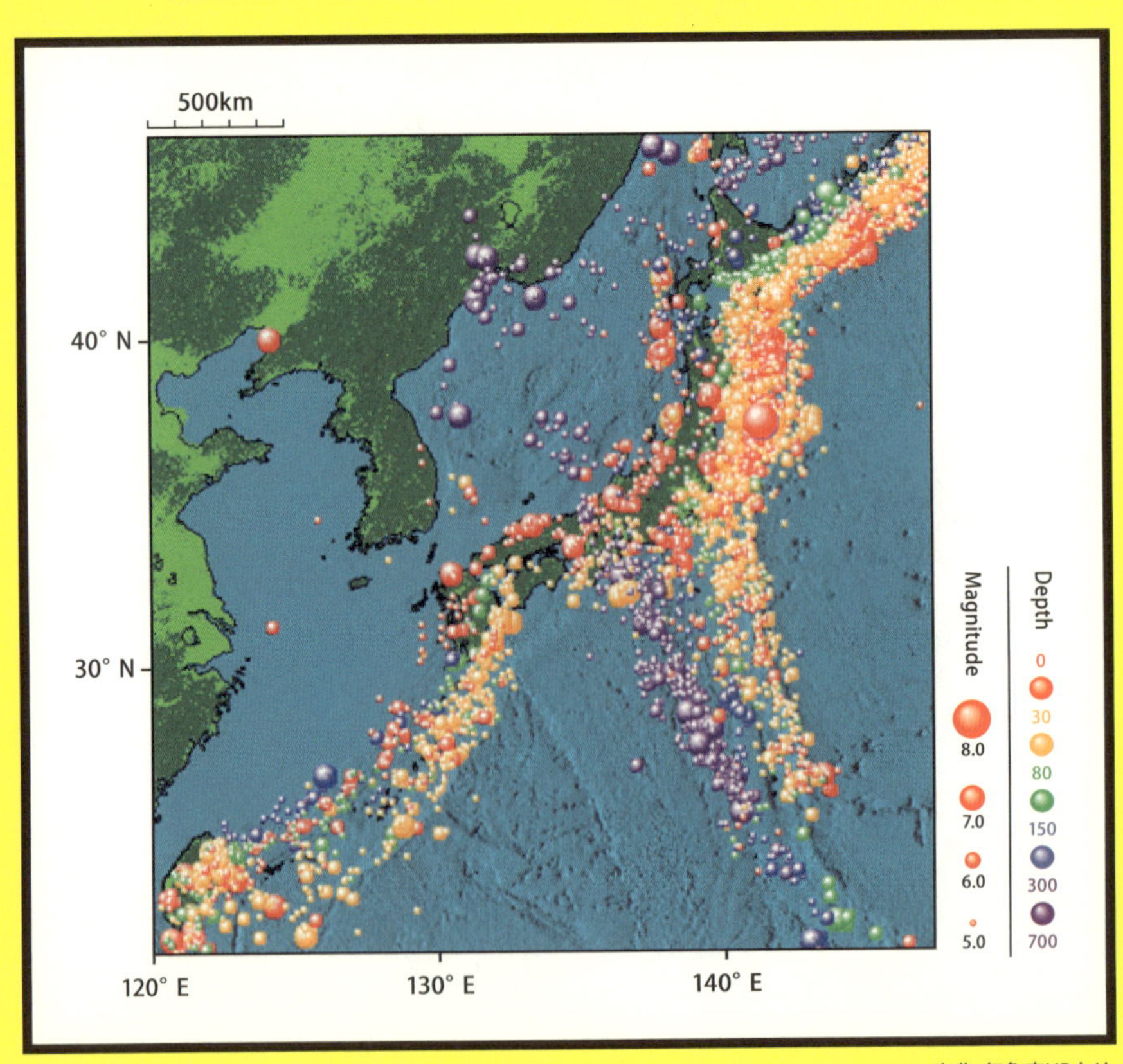

出典：気象庁HPより

台風の通り道である

日本は、台風の通り道であるため、全国どこでも極めて強い雨、強い風を想定する必要がある。

毎年台風により、大雨による河川の氾濫（河川が急勾配であるという国土の特徴があり、増水し始めると一挙に増水し氾濫する危険が高い）、地滑り被害（軟弱地盤であるため）、強風による被害などが発生する。台風は気象観測技術の発達により予測が可能となり、事前に避難するなどの対策も取りやすい。しかし、近年、台風により刺激された前線により、台風の中心から離れた地点で局所的な大雨となることが多くなってきた。特に、累積雨量が多くなると地盤が緩み、土砂災害の発生確率が上昇する。台風の接近は予知できても、土砂災害の発生を予知することは難しい。２０１４年8月の広

2014年に日本列島に上陸・接近した台風の経路

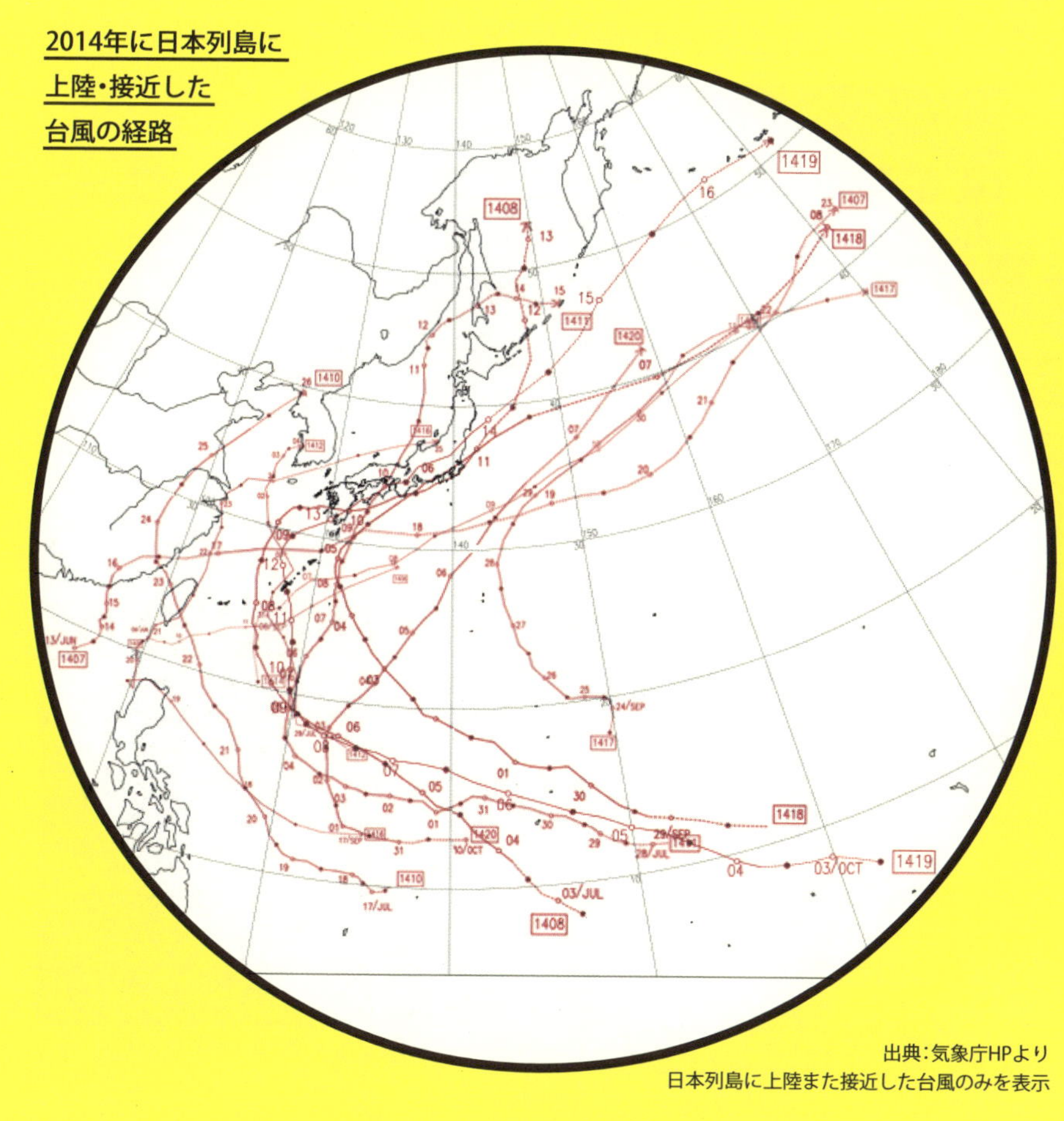

出典：気象庁HPより
日本列島に上陸また接近した台風のみを表示

島市土砂災害は、まさに集中豪雨によるものであった。このように、日本には多くの土砂災害危険地域が存在する。いつどこで災害が起きても不思議ではない。局所的な大雨が発生するようになった今、これらの危険地域への迅速な対応が求められている。

新たな災害「都市水害」

アメリカでは、2012年10月29日に発生したハリケーン「サンディ」により、市街地は冠水し、大規模な停電、地下鉄の浸水などが発生、ニューヨークの中枢機能は麻痺し、甚大な被害になった。

このような都市水害は、日本でも十分に起こり得ることとして我々は認識しなければならない。下の写真は、台風による大雨やゲリラ豪雨の発生により、東京

荒川の堤防が決壊、氾濫した場合の被害予想イメージ

画像提供:国土交通省 荒川下流河川事務所／NHK

都荒川の堤防が決壊、氾濫した場合の被害予想を示す写真として有名である。これによると、地下鉄の駅などの出入り口から大量の雨水が流れ込み、地下鉄は完全麻痺状態になるというシミュレーション結果が示されている。こうした新たな災害に対する対応も、緊急的に進められている。

迫りくる『災害Xデー』に備えよ！

自然災害は、いつ、何時、どこで発生するのかといった予測が難しいことから、我々は常に災害が発生することを意識し、備えをしておくことが極めて重要なポイントとなる。しかし、今、こうした災害への備えの基本である「意識すること」が低下している。

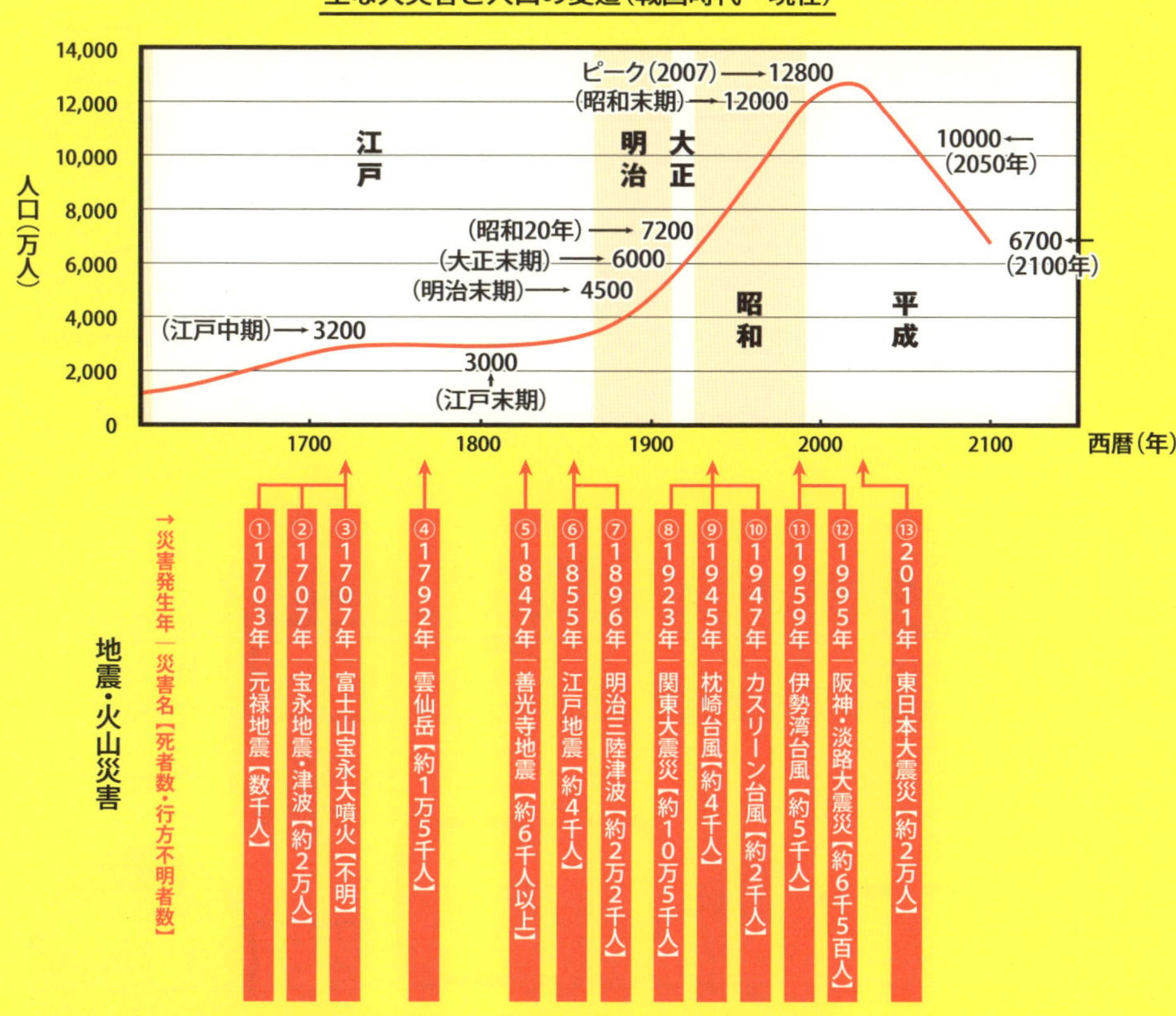

出典：【人口の変遷】「暮らしを海と世界に結ぶみなとビジョン」（国土交通省港湾局 2001年3月）を参考に作図
【地震・火山災害】①②⑧「理科年表」（国立天文台編）、③④⑤⑥⑦内閣府防災HP、⑨⑩⑪⑫⑬「平成26年版防災白書 付属資料2 自然災害における死者・行方不明者数」

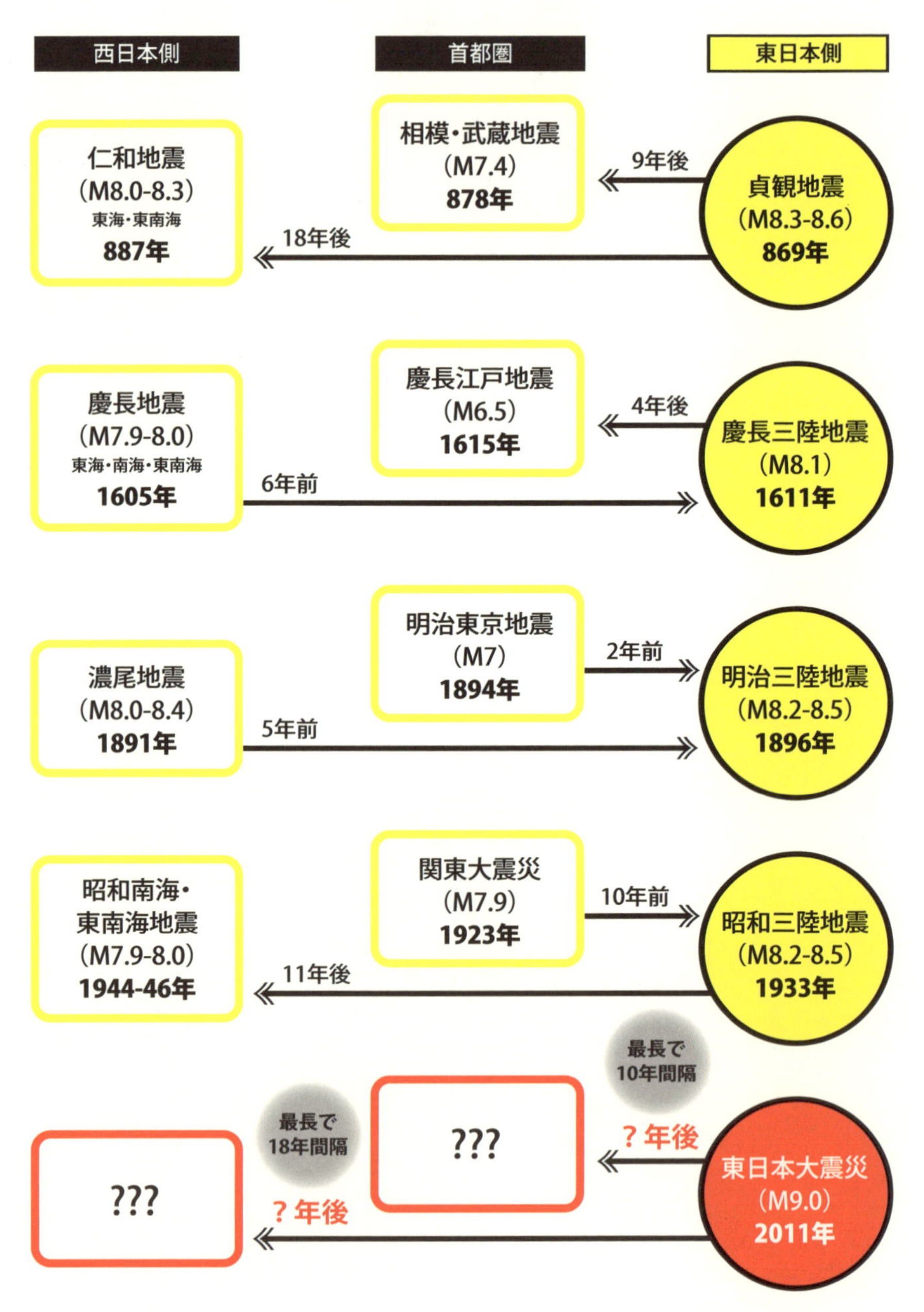

出典:「巨大地震Xデー」藤井聡（光文社 2013年12月）掲載図版を参考に作図

日本は、敗戦直後の１９４６年昭和南海地震が起きてから、１９９５年阪神淡路大震災が起こるまでの５０年間は大きな地震が少ない時期であった。その間、我々は、日本が災害大国であることを忘れ、まさかの事態への備え(例えば、防災・減災に資するインフラ整備等の公共事業)をないがしろにしてきた感がある。

そうした中で、阪神淡路大震災が発生し、さらには先の東日本大震災で多くの人命が奪われ、数多くの街々が巨大な被害を受けた。そして、われわれがくらしている日本という国土には巨大な自然災害の危機が常に潜んでいるという現実を改めて思い起こすことになった。

右図をみてもらいたい。これをみると、東日本側でマグニチュード８クラス以上の大地震が過去２０００年の間に４回発生している。そして、東日本側の大地震に連動するようなかたちで、首都圏では１０年以内、西日本側では２０年以内に必ず巨大地震が発生していることがわかる。このことは、２０１２年の東日本大震災の発生を受け、今日の日本がいかに大地震の危機にさらされているかを意味する警告である。

そう、まさに今、『災害Ｘデー』が迫っているのである。

政府は、この災害Ｘデーとなる南海トラフ地震の発生による被害予測について、東日本大震災での１０倍を超える最悪２２０兆円程度の被害と、その時の死者は３２万人に及ぶとしている。また、地震発生の可能性は今後３０年間(２０４０年頃)で、東海地震８８％、東南海地震６０～７０％、南海地震６０％としている。

一方、首都直下型地震も、今後３０年間で７０％、被害は南海トラフ地震を上回る規模になるとの予測である。

このように絶対に逃れられない災害Ｘデーに対して、われわれはどのような危険が想定されているのかをしっかりと「理解し」、「身構え」、「備える」ことがなによりも重要なことである。

土木という仕事は、これら自然災害との戦いである。古くから自然災害の可能性を常に意識し、うまくつきあい、安全で安心して生活できるように国土に工夫を凝らしてきた。

火山噴火や、異常気象による災害が頻繁に発生し、想定を上回る大地震が起こり、さらなる規模の大災害が予想されているようになった今、土木として果たすべき役割が試されている。

ドボクサイコウ―いま土木が求められる理由　その❷

寿命五十年。ゾッとする日本のインフラ実情

普段あまり意識していないかもしれないが、道路や橋梁、トンネルといったインフラには、「寿命」がある。

一回、道路や橋をつくると、未来永劫そのまま使えるというわけではない。

長い間、多くの車が道路を通れば、舗装は傷んでくるし、ひび割れやくぼみができてくる。コンクリートは劣化するし、鋼材は腐食する。時間の経過と共に建設

当初の強度はだんだんと低下してくる。そのまま放置すれば、橋は落ち、トンネルは落盤してしまう。

そのような最悪の事態を回避するためにも、人間の身体と同じようにインフラも、早期に異常を発見し、処方する必要があるということである。

そして、まさに今、日本のインフラはメンテナンス（治療）、リニューアル（更新）が必要な時期にさしかかっているのである。

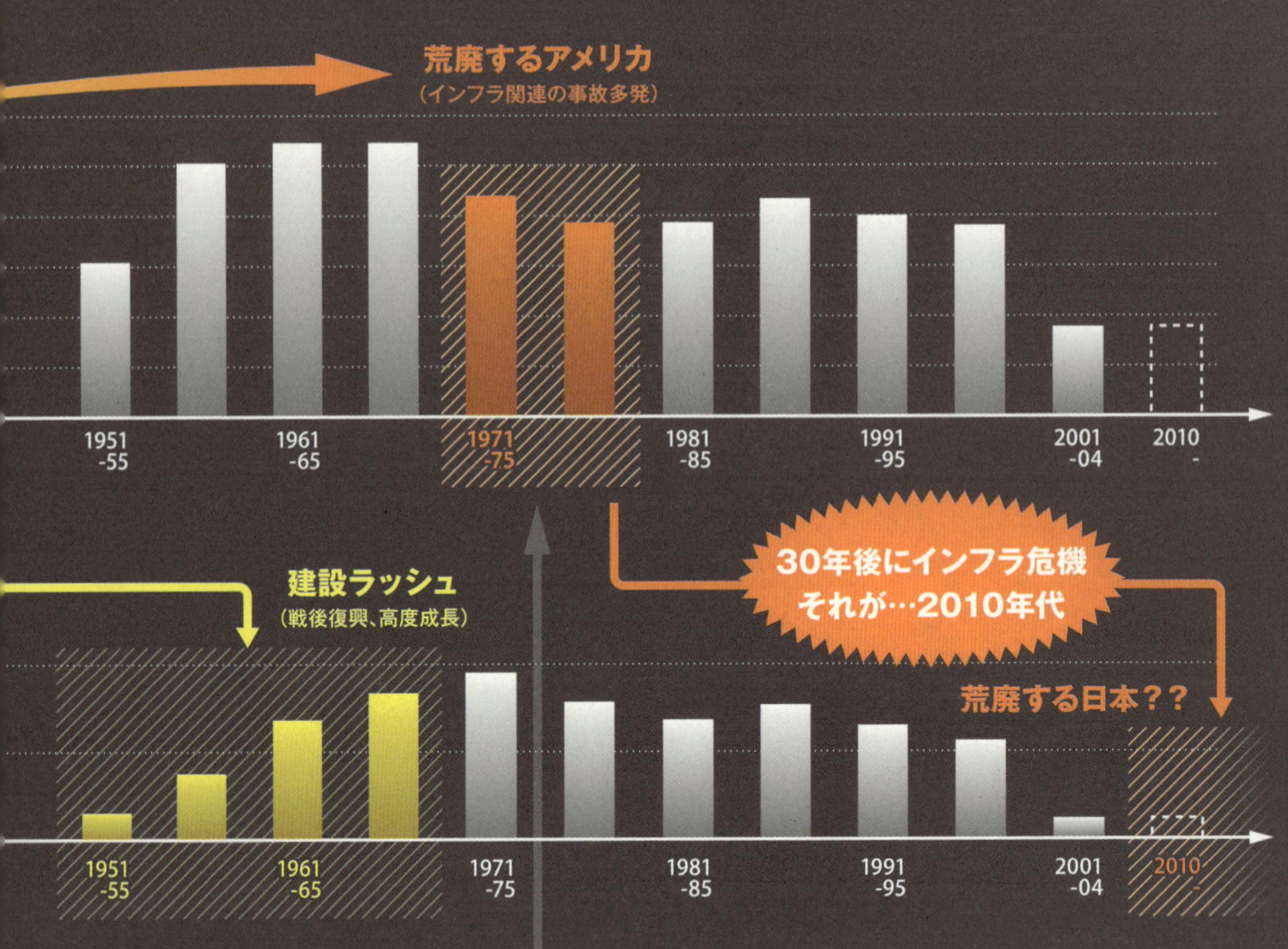

出典：「平成18年度 国土交通白書」掲載図版を参考に作図

1967年
シルバー橋落橋

1981年
ブルックリン橋ケーブル破断

1983年
マイアナス橋落橋

アメリカの悲劇に学ぶ

上の図は、日米の橋がつくられた年次が示されたものである。アメリカの橋がつくられはじめたのは、１９２０年代から１９３０年代頃であった。そして、橋が落ちるという事故が多く発生したのは、１９７０年代から１９８０年代であった。

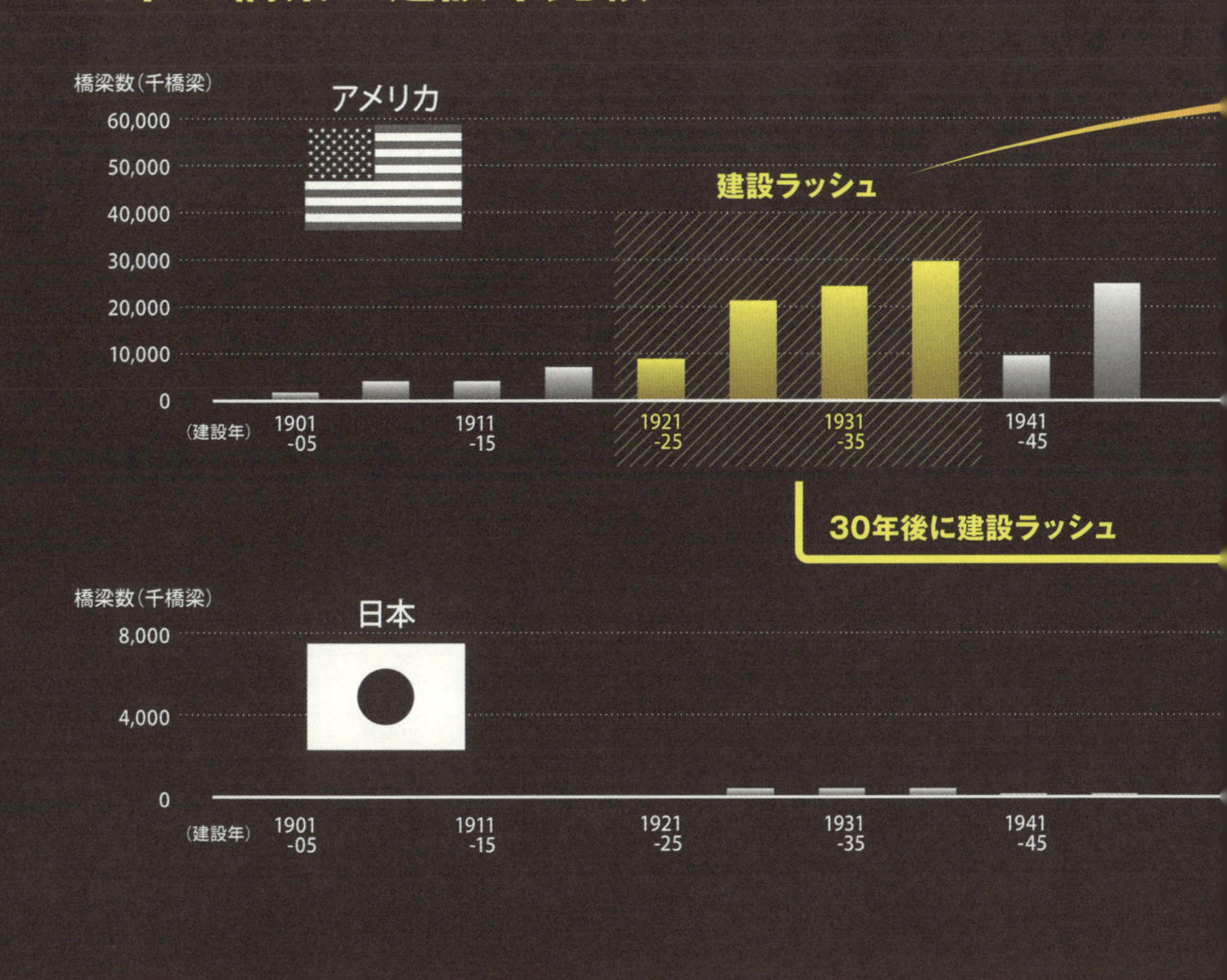

橋がつくられてからおおよそ50年たった頃から、老朽化による事故の発生がはじまった。この50年がインフラの一般的な寿命といわれている。

1980年代のアメリカは、インフラが完全に老朽化してしまい、崩落や損傷、通行止めが相次いで発生し、いつしか「荒廃するアメリカ」と呼ばれる事態に至った。この際、橋梁の実に37%が建設後40年以上を経過し、寿命を迎える直前だった。

一方、日本の実情をみてもらいたい。これをみると、日本の橋は戦後、高度成長期の1960年代頃に多くつくられはじめている。それから寿命を迎える50年後というと……、そう2010年代、つまり『今』だ。

相次いで発生している・・・日本でも

2012.12.2　笹子トンネル天井板落下事故

東坑口から約1.1km付近においてトンネル天井板が落下。
車両3台が下敷きとなり、うち2台が火災となり焼損した。
死者9名、負傷者2名。（平成24年12月4日消防庁調べ）

出典：「第5回トンネル天井板の落下事故に関する調査・検討委員会」
（国土交通省 2013年5月28日）配布資料より引用

『荒廃する日本』を回避せよ

先に示すような現象は、１９８０年代の荒廃するアメリカと同じような事態が日本において、今まさに訪れようとしているということを意味しているのでないだろうか。国土交通省の推計によると、道路や港湾、空港、下水道などの社会インフラのメンテナンス及び更新にかかる費用は、２０６０年まで５０年間で約１９０兆円と膨大な額になるとのことである。しかし、老朽化問題を放置し続けることはできない。放置するということは、イコール何名もの人命を奪うような大惨事を招くということにほかならない。

インフラの老朽化対策は、まさに、『今すべきこと』なのである。

すでに老朽化が原因と思われる事故が

2007.8.1　米国ミネアポリス高速道路崩落事故

1967年開通の米国ミネソタ州ミネアポリス市にある
州間高速道路35号西線（I-35W）ミシシッピ川橋梁が突如崩壊し、
死者13名を出す大惨事となった。

出典：土木学会誌 第92巻 10号（2007年10月）
掲載写真を引用

こうした事態に対応すべく、インフラ保全・維持管理の分野においては、ICTを活用した点検技術や、低コスト化のための補修技術など、様々な技術開発が急速に進められている。それと同時に、現在の危機に瀕している日本のインフラ事情を一人でも多くの日本国民が理解することが必要であろう。

そのことが、インフラ老朽化問題に対する将来にわたっての継続的な処置（適正な予算、適切な技術開発等）を施す源泉になり、『荒廃する日本』と呼ばれるような事態を回避することになる。

我々、土木に携わる人間は、常にこの危機感を持っておくことが重要である。

ドボクサイコウ―いま土木が求められる理由　その❸

世界アピールの舞台は目前

土木のお・も・て・な・し

2013年9月7日にアルゼンチンのブエノスアイレスで開催されたIOC総会の最終投票で2020年の東京オリンピック・パラリンピックの開催が決定し、日本中が歓喜に包まれた。

最終プレゼンテーションのスピーチで日本人のホスピタリティ精神を表す「お・も・て・な・し」が紹介され、2013年の流行語大賞となった。オリンピックは世界が注目し、開催期間中は世界各国から選手のみならず観光客も多数訪れることになる。日本を訪れる方々に対して、

精神的な「おもてなし」はもちろん大切であるが、選手や観光客を、安全かつ円滑に運ぶなど「土木のおもてなし」を作り上げることも土木の役割であり、その役割を世界にアピールする絶好の機会が目前に迫っている。

TOKYO1964がもたらしたもの

1964年に開催された日本最初のオリンピックは、戦後最大規模の国際イベントであった。我が国では、このイベントを成功させるべく、国家の威信をかけて東海道新幹線や高速道路の建設を進めた。

オリンピックと同じ年に開業した新幹線は、国民のくらしを一変させた。それ以前は、ビジネス特急「こだま」が東京

〜大阪間を6時間50分で結んでいたが、新幹線の開業により4時間までに短縮されることとなった。建設費用は約3000億円であったが、当時の賃金から試算された時間短縮の効果は年間2000億円で、たったの1年半で元がとれる計算である。そして、今や東京〜大阪間は2時間30分にまで短縮されており、その効果はさらに高まっている。また、東海道新幹線は年間1億5000万人、累計で56億人を運ぶ大動脈でもある。

このように、オリンピックを契機に建設された新幹線は、当時の国民生活の利便性向上のみならず、現代社会に暮らすわれわれにとっても、ビジネスや観光、地方経済などの面で大きな影響を与え続けており、まさに国民のくらしを一変させた交通インフラになっている。

出典：独立行政法人鉄道建設・運輸施設整備支援機構HPを参考に作図
開業予定については政府・与党整備新幹線検討委員会
（2015年1月14日開催）の結果を反映

しかし、新幹線構想は当時、『ピラミッド、万里の長城、戦艦大和に次ぐ、無用の長物』と世間から揶揄され、国民理解はなかなか得られなかった。それは、建設費用が3000億円と当時の国家予算の1割に相当するものであったからである。そのような中で、国民世論が徐々にうねりを上げて建設推進に傾いていったのは、単に便利で、東海道の輸送問題解決といった効果だけでなく、それに加えて戦後復興の中で、「世界一の列車」、「夢の超特急」を造り上げ、世界に日本の底力をアピールするという国民共通の『ビジョン』があったからだ。

このように、鉄道や道路、ダムといった社会インフラには、そうした日本の明るい未来を照らし、国民の夢や希望を喚起するような側面を持ち合わせているのである。

日本の新幹線路線網（2015年1月現在）

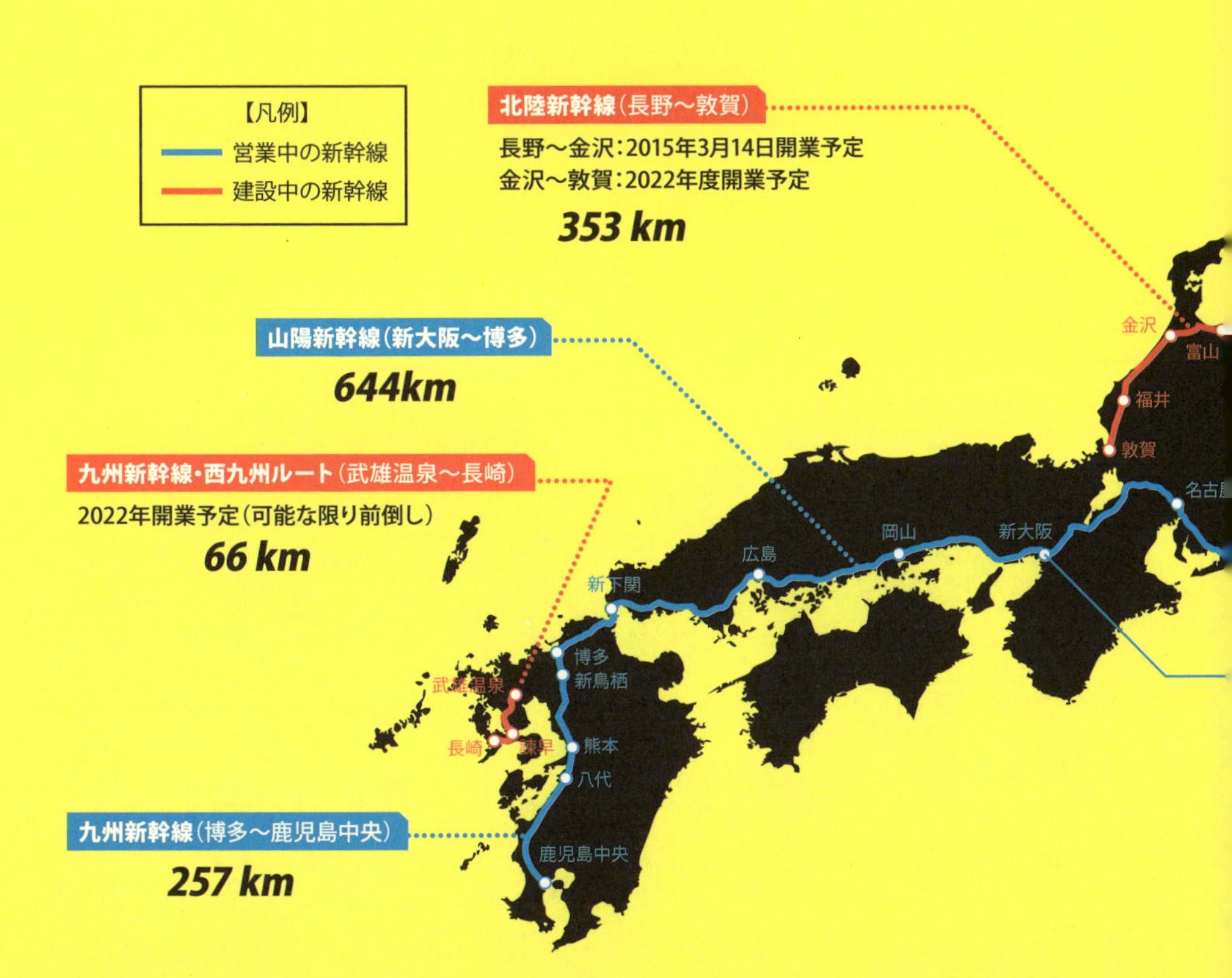

オリンピックレガシー2020

1964年の東京オリンピックは日本の戦後復興を世界に強くアピールするチャンスであり、そのために新幹線や高速道路などのインフラが大規模に建設された。また1972年の札幌オリンピックでは市街地に地下鉄が建設され現在でも市民のくらしを支える交通網としての重要な役割を担っている。1998年の長野オリンピックでは世界72カ国、約5000人の選手関係者が参加し、当時の冬季オリンピックでは史上最大の規模であった。そうした大会を支えるため、その前年には長野新幹線の開通など、鉄道ネットワークが整備された。

このように、オリンピックのような国家的イベントをきっかけに、国民世論の後ろ盾を得て巨額の国家財政を投入し、ビッグプロジェクトを進めるというのは、その他にもワールドカップや博覧会、サミットなどがある。こうした国家的イベントは、先に見てきたとおり、大規模なインフラの建設が伴うものである。そして、イベントが終了した後もそれらは残り続け、一面では建設した競技場の維持費が莫大で、国民にとっての負の遺産となっているなどのニュースを聞くこともある。こうした背景もあり、近年、IOC(国際オリンピック委員会)では「オリンピックレガシー（オリンピックのよい遺産（レガシー）を開催国に残していく)」という概念を強く提起している。大和総研資料では、以下のような定義をし、重要性を説いている。

❶長期的効果：オリンピック開催前後数年だけでなく、10年以上先の長期的・

オリンピックレガシー

Olympic Legacy

持続的効果を考慮すること

❷ハード面とソフト面の考慮：交通網や施設整備などのハード面だけでなく、開催都市の世界における位置の認識、スポーツ・文化振興、環境意識など、ソフト面も考慮すること

❸市民・国民の参加：政府・自治体や競技関係者に加えて、市民・国民も観戦だけでなく、ボランティア、スポーツ活動、国際交流などを通じて参加すること

国家百年の計

土木事業とは、時系列で捉えると、供用開始時から社会・くらしに貢献し、かつその後も継続的に効果を発揮し続けるものでもある。つまり、われわれが行う土木事業は、将来に対して遺産（レガシー）を残すことでもある。そう捉えると、２０２０年東京オリンピックでは世の中に何を遺していくのか、何を遺すべきなのか、といった議論は極めて重要なことである。

２０１４年、土木学会は創立１００周年の節目を迎えたが、記念すべき年の年次学術講演会のテーマは「百年の計、変わらぬ使命感と進化する土木」であり、同年１１月には「社会と土木の１００年ビジョン」を策定している。社会情勢がめまぐるしく変化する現在、５年後の予測も立たない時代となったが、土木はその責務から、５０年後、１００年後を見据えなければならない。

２０２０年東京オリンピックまであと５年と迫っている。これを契機に、国民が共有できる明るい未来への遺産をつくり上げることが、土木に求められている役割ではないだろうか。

ドボクサイコウ――いま土木が求められる理由　その❹

日本の土木は世界トップレベル

深刻な都市問題に悩まされる新興国

上の写真は、インドネシア・ジャカルタの日常風景。会議の約束時間は、ほとんど当てにならない。普通であれば15分くらいの距離でも、1時間くらいかかることもある。雨が降れば、これに輪をかけてひどくなる。車の流れは完全にストップ。もはや、途方に暮れるばかり。エアコンがなければ、蒸し暑さを我慢できず、窓を開けたとしても排気ガスに苦しめられる。結局、エンジンとエアコンをつけたまま、車の中に押し込まれる時

間が続く。ジャカルタに住む人々は、渋滞を当たり前のものとして生活しているようにも思われる。慢性的な渋滞による大気汚染も深刻で、喘息などの健康被害も懸念されている。また、深刻な渋滞の影響は経済活動にも及び、国の経済発展を阻害すると報告されている。このような渋滞解消のためにも、新たな道路の整備、地下鉄、バスといった公共交通の整備が不可欠であるが、都市の問題は交通の話だけにとどまらない。都市には、上下水道やゴミ処理施設も不可欠である。経済の発展は、モノやヒトの動きの活発化を意味する。グローバル化が進む中、空港や港湾といった国際輸送インフラも欠かせない。人々の産業や暮らしを支える電力もますます必要となる。しかしこれらはジャカルタに限らず、他の新興国でも十分に整っていないのである。

海外における日本の活躍

国の発展や都市化は、生活や産業を支える社会インフラによって成り立っている。

こうした海外新興国における社会インフラ施設へのニーズに対応するため、日本の建設企業も様々な分野で活躍している。

下の地図は、日本の建設会社が過去に仕事に関わったことのある国を示している。特に、アジア諸国では、ほぼすべての部門において過去の実績があることがわかる。日本の建設企業は、長年にわたり過酷な自然環境でも耐えられる堅固なインフラを建設するノウハウを蓄積してきた。また、明石海峡大橋や関西国際空港といった世界に誇る超大規模プロジェクトを成功させた経験もある。

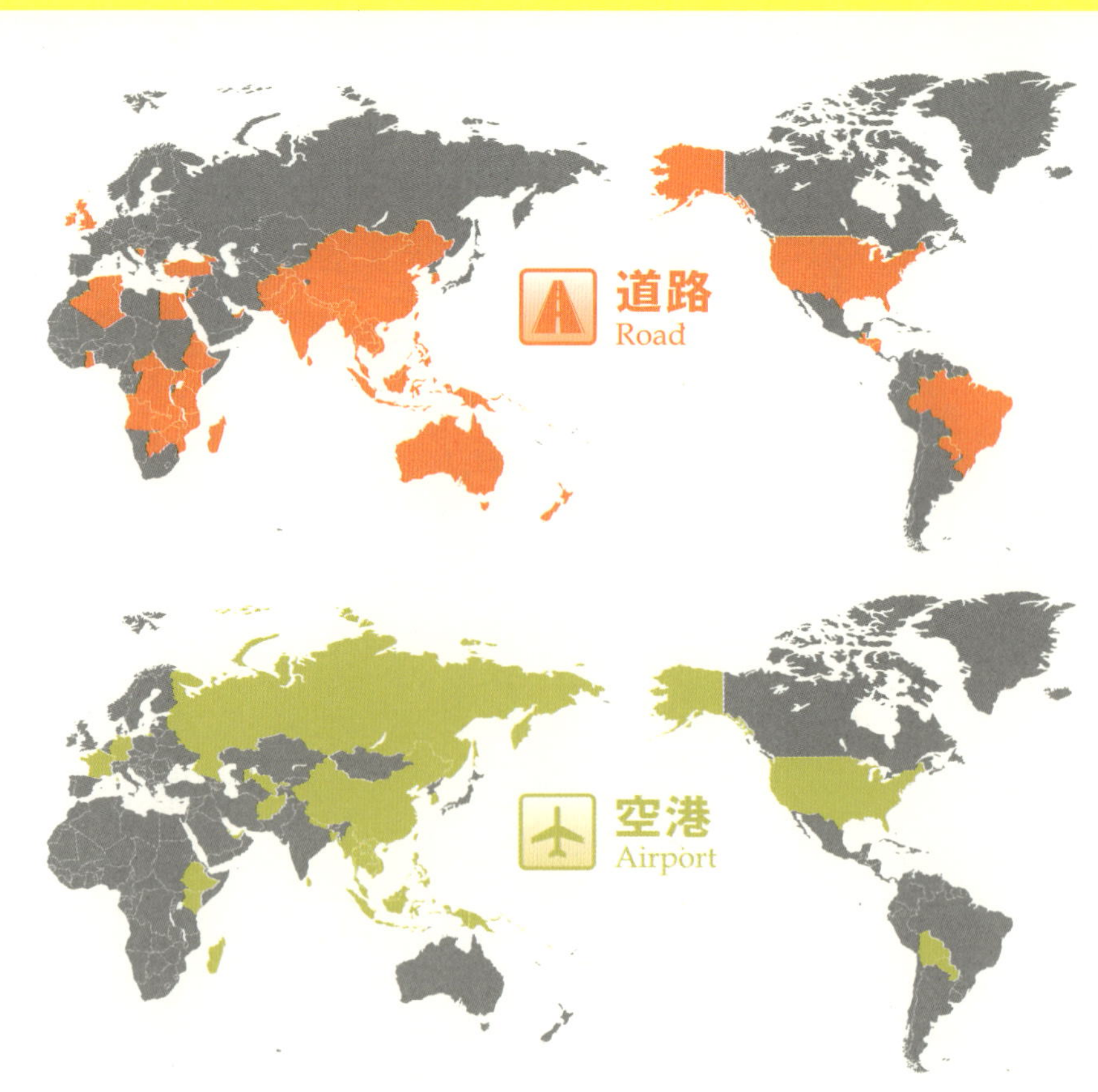

出典：一般社団法人 海外建設協会（OCAJI）資料を参考に作図

こうした日本の建設企業の技術と経験は、海外においても大いに活躍している。

始めからメンテナンスも含めて考える時代に

新興国は、今まさに建設ラッシュだ。しかし、インフラを造ることだけに目が行きがちで、これらの施設が適切にメンテナンスされていないことも少なくない。

インフラの建設とあわせて、メンテナンスをどう効率化できるか、点検技術や補修技術といった新技術の提供も含めて、日本の土木技術に大きな期待が寄せられている。

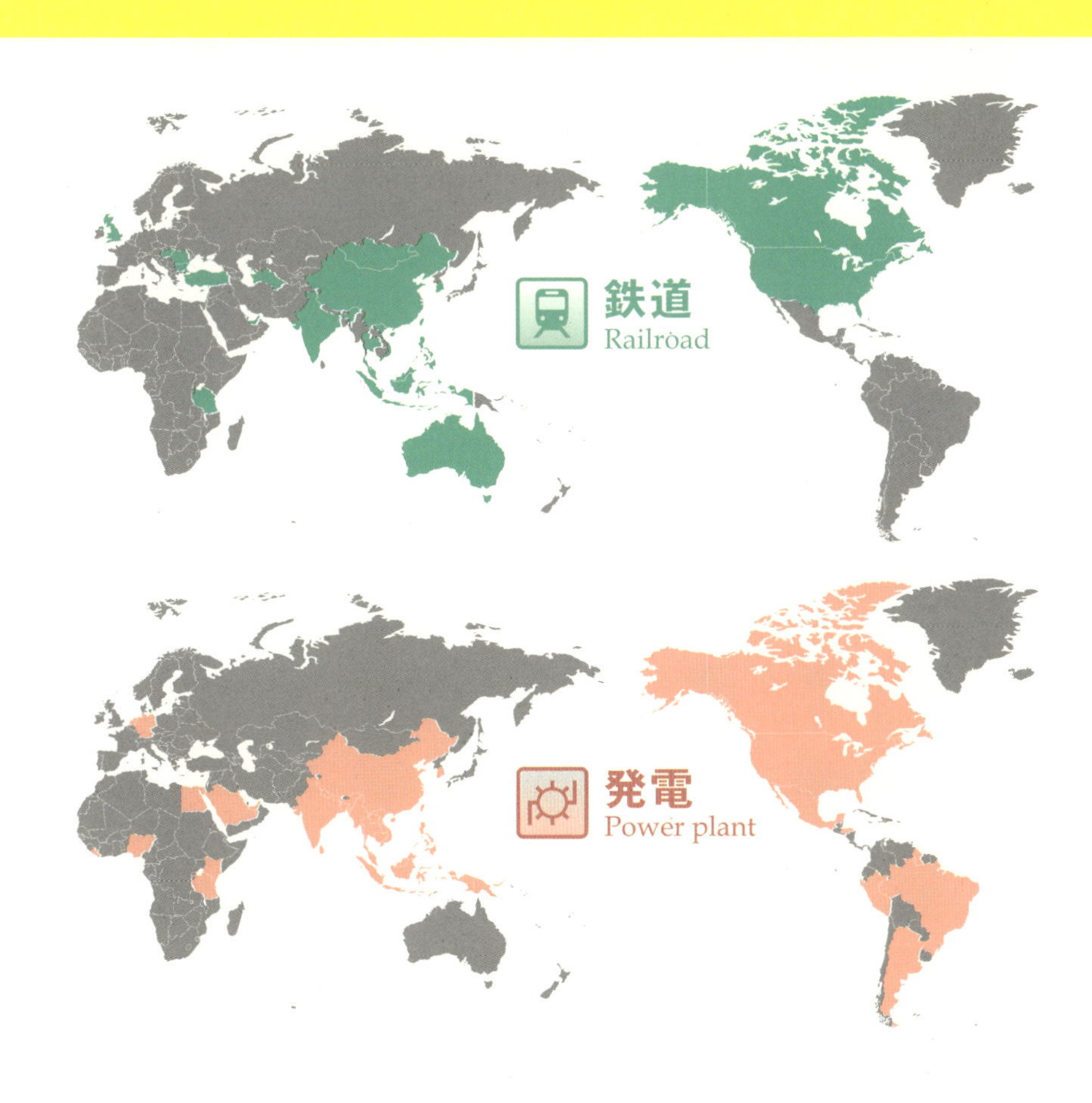

知っていますか？

これも土木の仕事！ 発電

電気を生み出す「発電」。その種類は水力、火力、太陽光や風力発電など様々です。では、それに従事する「土木技術者」はどんな仕事をしているのか想像できますか？

発電所やダムをつくる、発電が止まってしまわないよう構造物のメンテナンスをするだけではありません。例えば、「雨を予測する」これも土木技術者の仕事なのです。

水力発電の場合、まずダムで川を堰き止め水を貯め、その水を利用して発電を行います。ダムで貯められる容量には限りがあるため、前線や台風などでダム湖内の水量が急激に増加する場合、洪水吐ゲートなどを開けてダム湖内に入ってきた水を下流へ放流せざるを得ません。CO_2を出さない地球環境にやさしい水力発電の水資源を、より有効に活用するためには、前線や台風などで水量が増加する前に予め発電により水位を下げて、空き容量を確保しておき、洪水吐ゲートからの無駄な放流を減らすことが望まれます。

また、近年の異常気象、台風の巨大化などによる下流河川の氾濫に対して、ダムから放流する水量の低減も期待されています。

そのために雨をより早く、正確に予測する技術の検討にも土木技術者が従事しています。例えば、「いつ、どのくらいの水がダム湖に入ってくるのか」、「どのくらいの量の水を下流へ流せばよいのか」、データを分析したり、シミュレーションしたり、実際にダム操作する方々からヒアリング調査をしたりすることも土木技術者の仕事なのです。

よく土木は「自然」を相手にしていると言います。どんな業種でも、まず相手のことを熟知することが大切です。だから、水のことが分からないと水路はつくれないし、地震のことが分からないと建物の基礎も防波堤の高さも決められません。土木技術者はつくるだけじゃない！変わりゆく自然について最新の知識を得て、対策を施したり反対に活かすことも仕事の一部なのです。

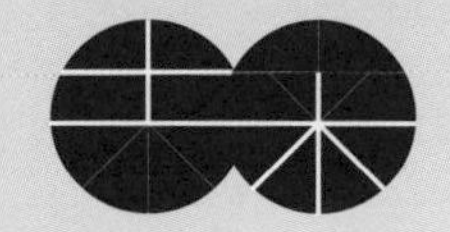

2

ホントに知りたい土木を伝えます

座談会①

土木を伝えます

実際に土木の現場で働く方の生の声をお届けします。

ホントに知りたい

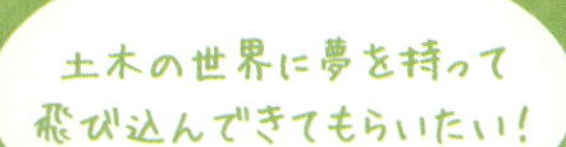

ゼネコンの醍醐味は
構造物が出来上がっていくのが
現場の最前線で感じられること

研究したことが
社会の豊かさに繋がる
おもしろさがあるなぁ〜

株式会社大林組
秀島 喬博

【司会】
株式会社オリエンタルコンサルタンツ
伊藤 昌明

京都大学大学院
大西 正光

土木の本音
教えて下さい！

座談会① セクション

1. 土木の魅力、おもしろさって？
2. 職場環境って実際どうなの？
3. どんな人が土木の世界に向いている？

埼玉大学工学部建設工学科
建設材料工学科 4年
塚原 美晴

北海道大学工学院
北方圏環境政策工学専攻修士2年
小松 孔明

開　会

伊藤（司会）　それでは、座談会「学生必見！～ホントに知りたい土木を伝えます～」を開催します。このテーマの主旨は、将来土木を志そうとしている学生の皆さんに対して、実際に土木業界で働いている我々若手メンバーが実感する土木という仕事の魅力やおもしろさを伝えたいというものです。そのため、この場には、ゼネコン、コンサルタント、国家公務員、大学教員と多彩なメンバーに集まってもらっています。さらに、現在土木系の学科に所属する2名の学生にも参加いただき、学生目線から「実際の土木ってどうなの？」という、学生がホントに知りたい土木の実態について質疑応答できればと思っています。どうぞ、よろしくお願いします。

1 土木の魅力、おもしろさって？

伊藤（司会）　それでは、セクション①から始めます。ここでは、土木の魅力、おもしろさということを様々な立場、角度から存分に語っていきたいと思います。その前に、なぜ土木を志したのか、そのきっかけは何だったのかというところから、皆さんに聞いていきたいと思います。まずは、学生の小松さんどうでしょうか。

小松　私はもともと、まちのかたちをつくっていくような、都市計画や地域の景観デザインといった政策面に関わるような分野に興味があったのが、今の土木系の大学・学科に入ったきっかけです。土木に関わっている人が言うような、巨大な土木構造物をつくりたいといったような憧れからではなかったですね。

伊藤（司会）　塚原さんはどうですか。

塚原　高校生のときに進路を考えるにあたって、もともと理系に進学したいと思っていましたが、どうも身近に感じられない印象を持ってしまいました。そうした中で、もっと人々の生活に直に関われるような、そんな勉強をしたいなと考え、今の学科を選びました。実際に大学で土木の勉強をしていくと、高校生の時に想像していたよりも、土木がこんなにも私たちの生活に影響があるんだと思いましたね。

伊藤（司会）　それでは、菊田さん、就職する際に土木を選んだ理由を教えてもらえますか。

菊田　私は、多くの人の役に立ちたい、なにか作り上げることがしたいという思いで、土木を選びました。そして、大学時代にコンクリートのゼミに入っていました

ので、できればコンクリート構造物の維持管理ができる仕事に就きたいと思っていましたね。恥ずかしながら、就職活動をしている中で、維持管理の仕事をするためには、先ず構造物の設計や現場のことを深く理解しなければならないことを知りました。そこで、できれば設計もでき、現場も経験でき、それを活かして維持管理の仕事ができるところはないかと探し、今の会社に入りました。今の建設コンサルタントという職業は、調査から設計、施工管理と、ゼネコンが仕事とする施工以外の部分すべてを仕事にしているという点が魅力です。

伊藤（司会）　土木以外の職業は考えなかったんですか。

菊田　実は、ゼネコンとかコンサルタント以外にも、ハウスメーカーとかインテリアデザインといった職業も考えました

ね。でも、土木以外の会社も見てみることで、やっぱり私は土木がやりたかったんだなということが、改めてはっきりと分かりました。そういう意味でも、土木以外の会社も受けてみた意味はありましたね。

伊藤（司会）　それでは次に、田嶋さん、土木を志した理由を教えて下さい。

田嶋　私が土木を志そうと思った一番根っこにあるエピソードを話そうと思います。私の地元の愛知県で、すごく大きな洪水の被害が起りまして、テレビでかなりショッキングな映像が流れていたのを今でも覚えています。町の中をボートが進んでいるみたいな。そういうのを見ると、こんな被害を減らすためにとか、防ぐためにどうしたらいいのかなと考えるようになりました。そして、大学では土木を選択しましたね。

伊藤（司会）　田嶋さんは国家公務員ですが、ゼネコンとかコンサルタントではなくて、公務員を選んだ決め手を教えてもらえますか。

田嶋　たしかに、ゼネコンとかコンサルタントは、実際に現場で構造物の設計や施工に関われる職業だと思いました。しかし、私の中では、一つの構造物だけではなく、まちや地域といった単位で全体を俯瞰的に見て、ではこの地域ではどのようなまちづくりが必要なのだろうか、どのような防災対策をすべきなのだろうかといったようなことを考えていきたいと思いました。そういう仕事ができるのは、市や県、国といった公務員だろうなと。その中で、どこがいいか迷っていたのですが、国家公務員という立場で、すばらしい政策を実行すれば、日本全体がよくなるというスケールの大きさが最終的な決め手ですね。

伊藤（司会）　次の話題は、実際に土木の世界に飛び込んだ後、つまり現時点で感じる土木の魅力や仕事のやりがいを聞いていきます。まず、秀島さん。これまでの仕事の中で、やりがいを感じたエピソード、魅力を聞かせてもらえますか。ゼネコンならではという点をアピールしながら。

秀島　ゼネコンならではというと、もう本当にオーソドックスなエピソード以外思い当たらないですね。ゼネコンの仕事の醍醐味は、現場の最前線で巨大な構造物ができ上がっていく過程を見られることですね。現場で働いているたくさんの協力会社や他のゼネコンメンバーなど、いろんな人と一緒に、ひとつの巨大な物をつくりあげていく。何年もかけてやっているので、完成したときの感動は、別格です。それともう一つ。私が経験した一つ目の現場では、６年かけて、何もなかった地下に穴を掘って、コンクリートを打設して駅をつくりました。何もなかった所を４０ｍぐらい掘って、幅３０ｍ、長さ２００ｍの巨大な吹き抜け空間が出来上がった時…、土木の圧倒的存在感というか、やはり土木のスケールの大きさと達成感ですね、ゼネコンとしてのやりがい

を感じました。

伊藤(司会)　それでは、次に菊田さん。コンサルタントとしてやりがいを感じるエピソードを教えて下さい。

菊田　エピソードですね。いろいろあるのですけれども、コンサルタントという仕事の魅力の1つは、何もない真っさらな状態のところに1からつくり上げていくというやりがいがあります。

伊藤(司会)　もう少し具体的に聞きたいですね。そう感じたのは、どんな仕事をしていたときのエピソードですか。

菊田　今、再生可能エネルギーが注目されていますが、地方の方々から、こういう場所で電気(小水力発電)を生み出せないかというような依頼がくることがあります。それに対して、実際現場を見に行って、川のこの場所に発電機を据えるとなったら、電気がこのくらい生み出せて、このくらいの売電収入が得られますよ、といったことを調査、設計から、地方の方々に提案しています。つまり、まったく何もない川から町のくらしの活性化につながるような電気を生み出すという計画に携われているということは、とても魅力に感じていますし、その地方の方々から必要にして頂いているとすごく感じています。

伊藤(司会)　素敵ですね。まさにコンサルタントの魅力をすべて集約しているような、技術者冥利に尽きるようなエピソードですね。それでは大西先生はどうですか。土木を教え、伝える立場、そして学問を研究する立場として。

大西　私がなぜ土木を志したかというと、一言で言ったら土木はわかりやすい。大きいものをつくる、そういうわかりや

すさが私にとってフィットした。それが一番の動機です。理学部という選択肢も考えていましたが、やっていることが概念的で、難しいというイメージが強くて、私には合わないと思いました。私は、今大学で、公共プロジェクトを成立させるための契約や法律、資金調達などの側面から、プロジェクトマネジメントの研究をしています。この研究は、実におもしろい。公共プロジェクトとして、世のため人のために役立つものをつくりますといったとき、設計や施工といった物をつくる技術はもちろん大事です。だけど、私はその物をつくりはじめるもっと前段階の、どんなスキームでプロジェクトを運営するのか、あるいはプロジェクトに必要なお金はどうやって集めるのかといったことを考えています。こうしたことを考える人がいなければ、プロジェクトが成立

しないわけで、モノをつくる段階までいけないんです。もっというと、公共プロジェクトが進まなければ今の社会が豊かになっていかない。そんな社会への責務を感じながら研究することが一番のやりがいかなと思って日々精進しています。

伊藤(司会)　それでは、田嶋さんお願いします。

田嶋　私は、今国交省に入省して3年目になりますが、入省してからの2年間は研究所で働いていました。そこでは、建設工事を契約するときにどういう評価で業者を選定すべきかといった制度面の研究をしていました。正直そんなことは、大学時代に全くやっていなくて、自分にできるのかといった不安もありました。ですが、今ではやってよかったと思っています。自分が正しいと思ってやってきた研究が政策として世の中に打ち出され、そしてその政策によって建設業で働く人たちが働きやすくなる。そういう点は大きなやりがいですね。その反面、社会へ与える影響度が大きい分、価値観を誤った政策は打ち出せないというプレッシャーもありますね。

伊藤(司会)　では、土木の魅力って、ずばり一言で何ですか。

田嶋　自分たちが携わる事業を通して、直接的に国民が豊かになるというのはすごく魅力的だと思います。

伊藤(司会)　普段、なかなか考えないことだと思いますが、ほかの業界にない、土木ならではの魅力って、どういうところなんですかね?

秀島　土木って、世の中の役に立つ度合いが目に見えてわかりやすくないですか?物の大きさとかスケールはいろいろ違うけれども、道路ができたら誰かが使ってくれて、誰かが便利になったと言ってくれて……。そういうなにか、世の中に1つのピースを残すことができるのが魅力かなという思いはありますよね。

伊藤(司会)　『形』になるからということですか?

秀島　そうです。世の中に対して『形』として、目に見える物としてダイレクトに役に立つものを創り上げているんだということが、ずばり、土木の魅力だと思うのです。

大西　裏を返せば、役に立たないという世の中の批判も浴びてしまう対象になるんですよね。

秀島　批判が生まれるということは、つまりは世の中から、役に立つものをつくってくれよ、と言われているということですよね。

大西　そうそう。

秀島　ちょっと失礼な言い方をすると、例えばゲーム業界というのはつまらないゲームをつくっても世の中全体から批判されるようなことは、あまりないのではないでしょうか。

伊藤（司会）　そう考えると、人の役に立つと同時に、世の中に対して土木が与える影響、インパクトはすごく大きいということですよね。

大西　そこです、そのことを我々土木に携わるものが自覚することが極めて重要。ゲームで言うと、その影響を与えるのはそのゲームをする人だけじゃないですか？でも、土木というのはある意味で、地球上にいる人間全員に影響を与えてしまう。そういう意味では、土木が世の中に残すインパクトは、他の仕事に比べても格段に大きいと言えますね。

伊藤（司会）　確かにゲームは余暇的なものので、普段の生活プラスアルファのものかもしれない。だけど、土木は生きていくためになくてはならないもの、生活の根底を支えるものですからね。今のような話を聞いて、塚原さん、どんな感想を持ちましたか？

塚原　私も、土木の仕事を通して多くの人の役に立てるという点に魅力を感じていたので、実際に働いている皆さんの口から同じ魅力を聞くことができてよかったと感じました。

伊藤（司会）　土木という仕事の魅力は、世の中に目に見える『形』となって、そして後世に残っていくという、ある意味単純で、とても分かりやすい。つまり、学生の皆さんが今想像している魅力や、やりがいが土木の世界に入ってくれれば間違いなく感じ取れるということなんですね。

職場環境って実際どうなの？

伊藤（司会）　次のセクション②では、2人の学生の率直な土木に対する質問を投げかけてもらい、それに答える形式で行いたいと思います。先ほど、土木の魅力や仕事のやりがいについて存分に語ってもらいましたので、ここでのテーマは、「職場環境のこと」、「就職活動のこと」について詳しく聞いていきたいと思います。まず、土木の職場環境について、何かありますか？土木の仕事は、世間一般的に、いわゆる3K（きつい、きたない、きけん）に代表されるようなイメージを持たれているかと思います。そのあたりについて、実際のところはどうなのといった質問はないですか。

塚原　結構、周りの環境に適応するのが得意なので、余り気にしてなかったのですが……。

伊藤（司会）　そうですか。ちょっとだけ、職場環境の実態を話しておきます。この業界、全般的に残業時間が長いのは事実ですね。特に年度末は、みんな栄養ドリンク飲んで頑張っています（笑）。ですが、特にこの2～3年、改善の気運が顕著に高まっています。官民連携でのノー残業デー推進など、私が入社した頃ではあり得なかったことです。その背景には、土木業界を志す学生が少なくなってきたことが起因しているはずです。つまりはこうです。『土木業界への入職者が少なくなる↓そうなれば高齢化が進み技術伝承もおぼつかない↓さらには新たな技術サービスを生み出す若手が育たない↓業界全体が衰退する↓国民のくらしを守れない』

といったような負のスパイラルを食い止めるためにも、職場環境の改善は待ったなしなんだと思います。

小松　私は今、ワークライフバランスの研究をしています。特に女性の出産・育児の支援といった面での会社の取り組みはいかがですか？

菊田　私の会社は、育児休暇などを取りやすい環境にあると思います。実際、取得した実績もありますし、社内でも育児休暇の取得や時短の制度について、理解を深める為の説明会が開催されたこともあります。

小松　出産後の復帰というのが、結構大変なのではないかなと思うのですが。

菊田　確かに、子供がいて限られた時間の中で、今と同じだけの仕事ができるかどうか、不安は感じますね。

伊藤(司会)　それは当然、ゼネコンでも、コンサルタントでもエンジニアとして入社したからには復帰後も同じ仕事ができれば一番いいと思う。だけど、そうではない活躍の場面というのもきっとあるのではないかな。例えば、プロジェクトのコスト管理や、組織マネジメント、あるいは広報デザインなどは女性としての適性を活かせるような仕事かもしれない。

菊田　確かに出産後も同じ仕事にこだわる必要はないのかなと思います。なので、仕事の内容や働き方をどのように変え、自らの能力を活かしていくかといった考え方を持たないといけないのかなと思いました。特に土木の仕事は、時間的、体力的な制約が大きいですし。

伊藤(司会)　次は、「就職活動のこと」についてです。

塚原　私は、大学院に進むつもりなんですが、学部卒と大学院卒では、就職の際に求められるレベルが違うのでしょうか。そのあたり、ぜひとも聞いてみたいです。

伊藤(司会)　菊田さんは、学卒でコンサルタントに入社したんですよね、どうですか。

菊田　私は、大学院に行って専門性を極めたいというよりは、早く現場に出て仕事をしたいという思いのほうが強かったので、学卒で入りました。確かに就職活動のグループ面接などでお会いした、院卒の人は落ち着いているし、専門知識をたくさん持っているなと感じました。

伊藤(司会)　僕は、今、会社で就職担当をやっています。最終の役員面接にも同席しているのですが、学部卒と大学院卒で比較すると、確かに持っている専門スキルや物事の論理的思考なんかでは差がある。だけど、最後の合否の局面になると、仕事に対する熱い想いや夢を持って社会に飛び込んでくるかどうかといった、かなり感情的な部分が大きいような気がしますね。専門スキルは、入社してから現場で学んでいく機会はいくらでもある。だけど、自らが成長しようという思いがなければ、一歩も成長できませんから。そういう意味では、どんなに優秀な人材でも、熱意が感じられなければだめでしょうね。

秀島　私は、大学院に進学してよかったなと思う部分が多々あります。言い方は悪いですけれども、学部4年時点だと、どこか学生気分が残っているというか、一つのことを極めきれていない感覚がありましたね。それが、大学院時代に研究に浸かることでやや緩和されてきて、そのまま就職するとスムーズに働けるのかなというか、適応期間が2年あるという、そんな感覚ですね。大学院時代で学んだ知識

とかではなく、その2年間で積み上げた経験というか、物事の進め方というか、そういうことが仕事のどこかで活きているような気がしています。

塚原　もう一つ、私はこれから大学院に進むわけですが、研究だけではなくて、この2年間をどのように過ごせばよいかなと思っています。こういうことが就職してから活きてくるんだよみたいなものがあれば、ぜひアドバイスをいただきたいです。

大西　私は基本的には学生に対して大学院に行けとは言いません。というか、大学院に行くことが当たり前だと思っている。では、大学院で何を学ぶのか。専門性を身につけるという点では、確かに大学院時代の研究テーマはすごく専門的なことをやります。しかし、その内容が社会に出てすぐ活かせるかというと、十中八九

ないのではないかと思う。では、それには何の意味があるのか。それは、研究テーマを通じて物事を論理的に考える能力というか、論理性の追求ということが修士課程における醍醐味です。学部時代では、教科書レベルでの知識習得が主体ですから、これを身につけるのは、なかなか難しいのが実態です。単に研究としての成果を求めるというだけでなく、研究を通して得る価値を自分なりに十分に理解して、大学院時代を過ごしてもらいたいですね。

伊藤（司会）　小松さん、今の話を聞いて自分の大学院時代をどう感じますか。

小松　専門性という観点では、十分かどうかはっきり言って怪しいですね。ですが、人とのコミュニケーションであったり、人との接し方、礼儀、文章の書き方といった社会人としての極めてベーシックな部分の能力は確実に上がったのではないかと思います。大学院生になると、学部生の面倒を見ることになります。そうした経験の中で、人をまとめたり、イベントを企画したりとか、そのようなことでマネジメントの能力がかなりついたのではないかなと思っています。

伊藤（司会）　皆さんが言われたように、大学院時代の研究活動や経験の中で身に付く、物事を管理する力、いわゆるマネジメント力や、コミュニケーション力、論理的思考力といった能力は、土木人として仕事をしていく上では非常に必要な要素ですね。このような力を持つことの重要性は、初代土木学会長の古市公威も言っていますよね。土木技術者は「将に将たる人」、つまり、一つの目的を達成するために、様々な人・資源・技術を束ねる中心になるべきだと。ただ、こうした能力を身につけ、磨きをかけることは、別に大学院に行かなくてはだめということではないです。日常的に、物事に取り組む際に、そういう能力が重要だということを意識して取り組むかどうかだと思いますね。

3 どんな人が土木の世界に向いている？

伊藤（司会）　それでは最後にセクション③に入りたいと思います。今、土木業界では入職者が少ないという大きな課題があります。入職者が少ないということは、技術伝承もできない、高齢化が進む、新たなイノベーションも生まれにくいなど、業界の活力低下にもなりかねない。そうした中で、ぜひ、こういう人に土木業界に入ってもらいたいというメッセージを発信して頂ければと思います。まずは、田嶋さんお願いします。

田嶋　端的に言うと、気力と体力、何よりもこれをやりたいのだという強い意志のある人が向いていると思います。なぜかと言うと、この業界は世の中に果たすべき責任が大きい分、その責任を全うするためにプレッシャーも多いです。その中でなぜ仕事をやり続けられるかというと、世の中を良くするためにこうすべきという強い意志がないと、やめちゃおうとか、そういうことになると思うのです。だから、本当に自分の強い思い、責任感というか、そういうものが一番大事だなと感じます。最後にそのことを伝えたいです。

菊田　私は、人の役に立ちたいという思いを持っている人だと思います。土木は、ひとたび世に立て世を成したときの影響力が大きいため責任は重大です。しかしその分、多くの人の役に立てることが実感できる職業です。そのことは、実際に働いてみてそう感じます。

秀島　まず、お酒が好きな人（笑）。というのは半分冗談で、半分本当です。なぜかというと、土木の現場では、いろいろな人が、多様な種類の仕事をしています。その中で、ゼネコンの現場監督としては皆が気持ちよく、効率よく仕事できるように環境を整えることが極めて重要なことです。そういった意味では、一緒にお酒を飲んで、人と人との関係性を築きあげていくことは実は大切なことなんです。実際に、お酒を飲む必要はありませんが、そういう意識を持つことは大切だと感じています。ということで、色々な人とかかわりを持って何かをつくり上げていくのが好きな人、こういう人が土木向きだと思います。

大西　やはり、土木は、国民の豊かなくらしのための『こうすることが正しい』という正義感がないと、職務を全うすることができませんね。というか、人々のくらしを支える上でそれがないと困る。特に、今の時代は、大災害に対する備えや、インフラの老朽化といったような、ものすごい危機が迫っています。そうした国民のくらしを脅かすような危機を肌で感じ取って、土木に携わるものとして何をすべきかということを考えられるようなセンスが要るのだろうなという気がします。少し哲学っぽくいうと、「なぜ自分がこの安全で豊かな社会で生きていられるのだろうか」とか、「この世の中の利便性はどこからきているのだろうか」というようなことを、一つの専門的な切り口だけでなく、ちょっと距離を置いて、俯瞰的に考えるような感覚、素養が必要かもしれませんね。

伊藤（司会）　ありがとうございました。最後に、学生2人に感想を聞きたいと思います。

小松　私は、鉄道会社に就職することが決まっているのですが、そのような決断をした根底にあったものは、昔から鉄道が好きだったということでした。最初は、まちづくりをやってみたいという思いもあって建設コンサルタントも受験していました。そして、どちらかを選ぶかなとなったときに、さんざん迷いましたが、最後はずっと好きだった鉄道を選びました。好きなことだけでご飯を食べられるとは思わないですけど、好きなことを追い求めるというのは大事なんだということを、今日の座談会での皆さんの発言を聞いていて思いました。

塚原　私は、まだこれから就職活動をするので、まだまだ具体的に、ゼネコンに行きたいとかコンサルタントになりたいとか、希望が固まっているわけではないんです。だけど、今日皆さんのお話を聞いていて、改めて土木という業界は面白そうだなと思いましたし、進路を決める上でのきっかけにはなったかなと思います。

伊藤（司会）　学生の2人にそう言っていただけるとありがたいです。そして、この本を手にとってくれた学生が、土木の魅力や仕事のやりがいを少しでも感じ取って、土木の世界に夢を持って飛び込んできてもらえれば、うれしい限りです。どうもありがとうございました。

土木構造物が動物の新居に♥

インフラと自然環境の関係

土木構造物＝自然を破壊しているのではないか、そう考える人も多いだろう。しかしながら技術者は最良な保全対策を実施するため、あらゆる角度から検討し努力している。そこで、構造物ができることにより、新しい動物の住み家ができる「代償措置」を紹介しよう。

とある山の中に、川を渡る橋梁がある。この周辺には、自然度の高い箇所で生息するコウモリ類が確認されていた。山を切り開いて造られる道路なんて、コウモリからも「嫌われる！」と思っていたら…。

なんと、橋梁の桁の裏にコウモリが新たなねぐらを作ったのである。コウモリの中には、洞窟の穴の中を好んで生活するもの、木の樹洞を好んで生活するものなど、種によって様々であるが、完成した橋梁の排水口の小さな穴を新しいねぐらにしたという事例が確認されたのである。

これぞ「共存」だ！

インフラ整備は、自然環境破壊に繋がると思われがちであり、現にいい加減な対策しか講じていない事業では、貴重な動植物への影響という大きな問題が起こっているのも事実である。

しかし、前述のように、人々の暮らしを豊かにするために造られた構造物により、他の動物の住み家も併せて作ってしまったという、いわばシェアハウス（共存の場所）のような場を提供するということもあるのだ。

このようなケースは、各地で確認されており、今後も確認されるかもしれない。場合によっては、海峡部を渡る大きな吊り橋の下部工に猛禽類の巣が作られるかもしれない。

みなさんの身近にある構造物をよく眺めてみてほしい。もしかしたら、思いもかけない貴重な動物が楽しそうにそこで生活しているかもしれないよ。

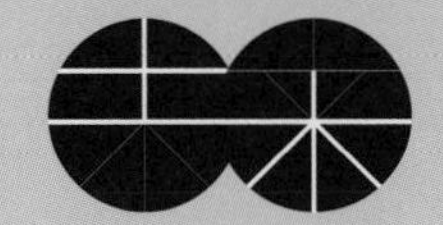

3

これが僕らの土木スタイル

かくして集まった土木の志士達

これが僕らの土木スタイル

【かくして集まった土木の志士達】

災害、インフラのメンテナンス、地方再生というまちづくり、新興国のインフラ整備支援など、土木が担わなければならないことは山積みだ。

でも今、土木に入ってくる若者は多いとはいえない。

土木学会 建設マネジメント委員会
将来ビジョン特別小委員会
発足当初の会議の様子（2012年9月15日）

現場での危険できつい仕事、
自然を破壊する開発、談合事件等の不祥事など、
外から見ると、土木は明るい話題よりも暗いイメージで
とらえられる場合が多い。
でも、土木で働いている多くの人々は、土木が大好きで、
土木に強いやりがいを感じ、土木を憂い、
各々が土木の将来像を思い描いている。

２０１２年７月に発足した「将来ビジョン特別小委員会」は、
土木シーンに携わる産・官・学の若い世代で結成された。
土木の将来ビジョンを提案し、それを実現させるための
具体的方策を２年に亘りとことん検討してきた。

土木のルーツ探訪から次代へのロードマップ提示まで、
僕らの思い描く土木スタイルを多くの人に伝えたい。

01.

土木の志

土木のルーツを追え！—言葉編—

古者民澤處復穴、冬日則不勝霜雪霧露、夏日則不勝暑熱蚉寅。聖人乃作、為之築土構木、以為室屋、上棟下宇、以蔽風雨、以避寒暑、而百姓安之。

——淮南子より

言葉で考える「土木」とは

土木の志とは何かを考えるきっかけとしては、まず、土木とは何かを知るべきである。もともと土木とは何を意味するのか。

漢字では、「土木」、英語では「Civil Engineering」、それぞれのルーツを探るところから、土木の志を紐解いていく。

漢字では「土木」

土木という漢字はそれ以前にも用いられていたというが、「淮南子」という文献中の【築土構木】に土木の原点とも言える記述がある。

「淮南子」は紀元前150年頃に淮南王劉安によって書かれた中国漢代の書物である。

淮南子（現代語訳）

「昔の人は沢や穴の中に住んでいたので、冬には霜、雪、霧、夜露を避けることができず、夏には暑さと蚊や虻（ブヨ）を避けることができなかった。そこへ聖人が現れて、【築土構木】土を築いて盛上げ、木を使って構えてこれで家屋とし、棟木を上に構え、その下に部屋を作って家屋とした。これで風雨を遮り寒暑を避け、人々は安んじて生活ができるようになった」

「淮南子」では、調達できる材料、土と木を使用して【築土構木】して、人々が安心して暮らせるようにするという、土木の果すべき役割が、誇り高き聖人の仕事として記されている。

時代が変わり、文明の進化により使用する材料は土と木から変化しても、最善の材料を使用して、人々が安心して暮らせる環境を提供するという土木の果すべき役割は今も昔も変わらない。

安全・安心・豊かな暮らしの基盤を提供することを存在意義としている土木の仕事は、中国漢代にそうであったように誇り高き生業である。土木は、いつの時代であっても、その誇りと責任感を持って、将来の社会の基盤造りをしていかなければならない。

英語では「Civil Engineering」

英語で表記すると、「Civil Engineering」となる。産業革命とともに工学が生まれ、発達していく過程でCivil Engineeringという言葉が確立した。

もともと"engineering"という言葉の前には"engineer"（技術者）という言葉が存在していた。"engineer"は"engine"に接尾辞"-er"がついた形で「機関の操作者」を意味し、1325年ごろ文献に現れたときには「軍用兵器の製作者」を意味していた。軍用として生まれた"engineering"という言葉がMilitary EngineeringとCivil Engineeringに分化した。

"engineering"の中で、従来の軍用工学の分野がMilitary Engineeringであり、軍用以外の分野がCivil Engineeringである。ここでいうCivilは、Militaryでは無いという意味であり、我々が想像するCivilの意味である市民とは意味合いが違っている。

このCivil Engineeringから、様々な工学が専門領域を確立していった。その中で、名前を変えず、そのままCivil Engineeringと呼ばれているのが、土木工学の分野であり、工学の源とも言える分野である。工学を生み出す源の分野が、Civil Engineeringであるので、土木の専門分野を定義することは難しい。実際、土木の専門領域は、構造、河川・海岸、環境、計画、景観など多岐に渡っている。これらの専門分野に共通することは、公共のため、人のための工学であるということである。

今後の土木も今までと同様に、公共のため、人のため、専門分野を八方に発展させていき、新たなニーズに常に応えていく必要がある。

人々の安全・安心のため

漢字と英語で、土木のルーツを追うと、「公共のため」、「人のために」、「安全」、「安心」、「豊かな暮らし」などのキーワードにたどり着く。これこそが、土木の存在意義であり、土木の志の根幹であると思う。

この志は、時代の変化によらず、常に土木としての存在意義・価値観としてあり続けるべきである。

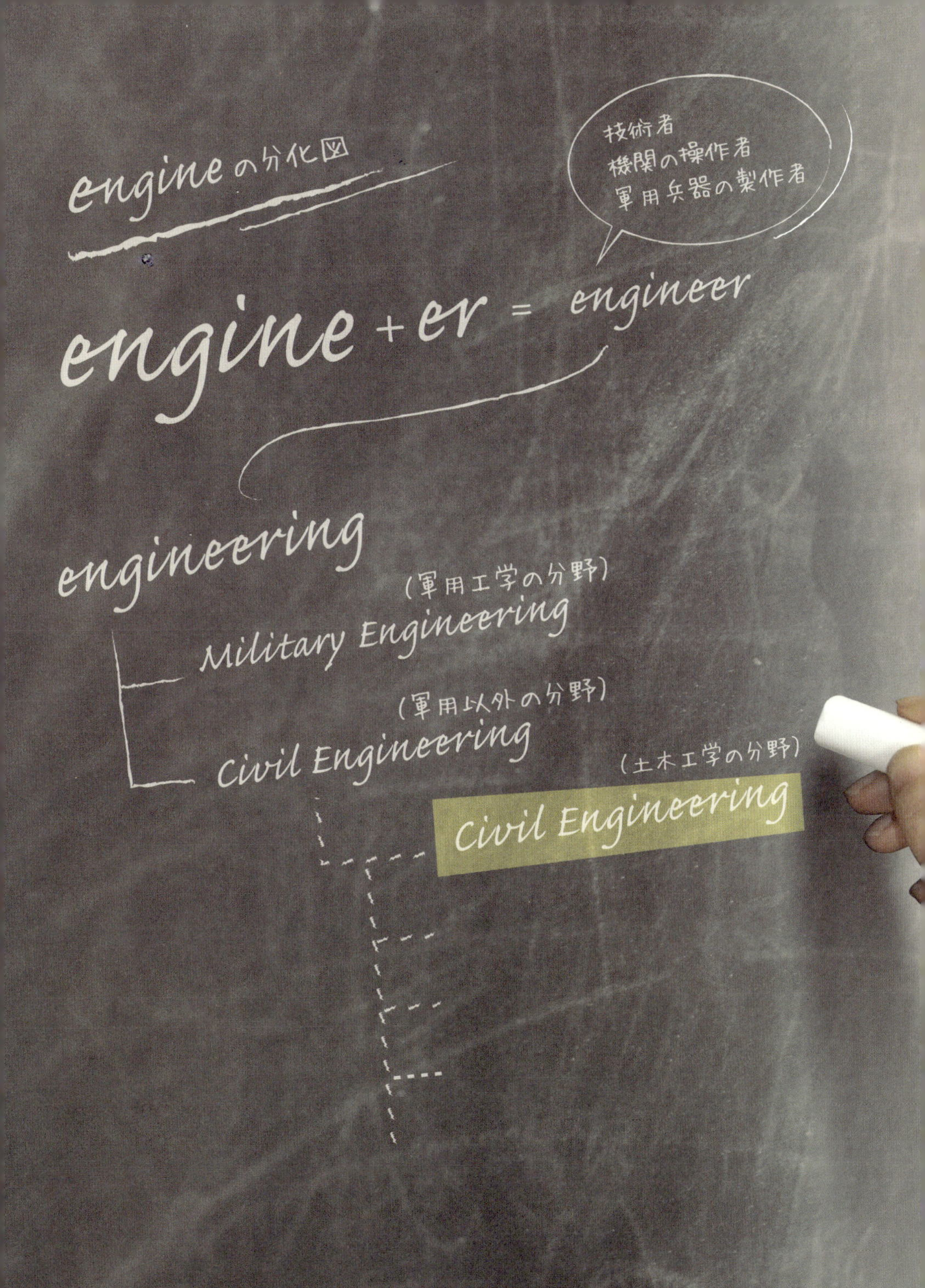

engine の分化図

技術者
機関の操作者
軍用兵器の製作者

engine + er = engineer

engineering

(軍用工学の分野)
Military Engineering

(軍用以外の分野)
Civil Engineering

(土木工学の分野)
Civil Engineering

02.

先人たちの想い

土木のルーツを追え！ —歴史編—

主な土木関連事業
◆茨田堤工事
◆仁徳天皇陵（大仙古墳）
◆大和古道
◆池溝開発
◆平城京・平安京

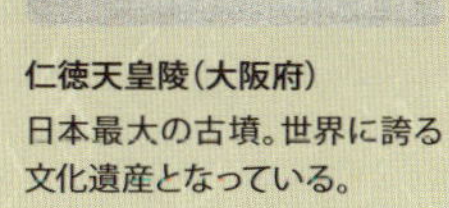
仁徳天皇陵（大阪府）
日本最大の古墳。世界に誇る文化遺産となっている。

［主なできごと］
607年　遣隋使　小野妹子
645年　大化の改新
663年　白村江の戦い
794年　平安京遷都
［主な著名人］
仁徳天皇・聖徳太子・行基・和気清麻呂

過去の偉人と土木

過去の歴史に名を馳せた偉人の多くは、土木事業で多くの功績を残している。仁徳天皇、行基、平清盛、武田信玄、数え上げればきりがない。彼らは、それぞれの時代のリーダーとして、人々に安心した暮らしを提供するための社会基盤整備を行っていた。彼らの実施した事業内容は、時代時代のニーズや、国・社会のあり方によって様々ではあるが、それぞれ高い志によって支えられていた。ここでは主に「物語日本の土木史（長尾義三著）」の内容を引用しながら、日本の土木の歴史を振り返り、温故知新、それらの先人の想いや功績から、土木のルーツを紐解いていく。

◆古代（古墳時代〜平安時代）
自然との戦い

古代の日本は、中央集権の時代であり、朝廷などの中央の権力者を中心とした農業振興、防災対策事業が執り行われていた。事業形態に請負契約は見られず、強制労働により社会資本が整備された。

社会資本整備の事例

①茨田堤工事
【農業振興・水運開発・防災】

この工事は、仁徳天皇による、大阪湾の入江であった河内平野（大阪平野）に流入する淀川と大和川を分水する大規模な築堤工事である。古事記には、この当時の仁徳天皇の想いが以下のように記されている。

「この国は原野が多いが田が少ない、川の流路を整えて逆流を防ぎ、田や宅地を安全にしよう」

②仁徳天皇陵（大仙古墳）

この当時に造られた仁徳天皇陵は、世

中世　鎌倉時代～安土桃山時代

主な土木関連事業
- ◆元寇防塁
- ◆信玄堤
- ◆大阪平野の整備
- ◆安土城・大阪城

提供：福岡市

元寇防塁（福岡県）
蒙古襲来（元寇）に備えて約2.5kmにわたって築かれた防塁。

［主なできごと］
１２７４年　元寇
１４６７年　応仁の乱
１５８５年　豊臣秀吉が関白となる

［主な著名人］
源頼朝・北条時宗・武田信玄・織田信長・豊臣秀吉

界三大墳墓の一つに数えられる世界に誇る文化遺産である。

◆中世（鎌倉時代～安土桃山時代）
安心と豊かさ

中世は、地方の時代となり、各大名による開発が進められた。当時の社会資本整備の多くが、有力者による各地域に応じた地域防災、農業振興であり、一部の事業では請負方式が誕生していた。

社会資本整備の事例

①信玄堤
【治水・農耕地開発】
武田信玄は、自然の力と性質を利用した堤防を築造し、さらに、これに合わせたソフト対策も講じることで治水対策をした。

②大阪平野の整備（都市開発）
豊臣秀吉は、大阪城の築城と並行し大阪平野をかさ上げし、堀や水路を整備して、近代的な港湾都市を築造した。当該事業では請負制度を活用していた。

◆近世（江戸時代）
より良い暮らしのため

近世になると、中央と地方で役割を分担するようになり、幕府による大規模開発と、各藩による地域振興事業が行われるようになった。生産性を向上させ、より良い生活を実現するための土木事業が多く見られるようになり、土木事業を専門として扱う請負業が成立して、入札制度が導入されるようになった。

社会資本整備の事例

①土佐藩の港湾整備・新田開発
【地方振興】

主な土木関連事業

- 東海道五十三次
- 玉川上水
- 利根川改修・大和川付け替え・木曽川改修
- 土佐港湾整備
- 横浜の外国人居留地建設（江戸幕府）

玉川上水（東京都）
人口増加をきっかけに、江戸時代に造られた用水路。

〔主なできごと〕
1603年　徳川家康 征夷大将軍となる
1639年　鎖国の完成
1856年　ペリー来航
〔主な著名人〕
玉川庄右衛門・野中兼山・伊能忠敬・勝海舟

土佐藩の重臣であった野中兼山は、儒学の教えである「先苦後楽」を説きながら、自ら率先して、用水路を掘削し、耕地を開いていた。野中兼山は、眼前に広がる太平洋に活路を見出した。当時、陸の孤島であった土佐に港を整備することにより、江戸・大阪に直結させた。そのことにより、物流交流が盛んになり、産業振興が実現した。

また、野中兼山の整備した堤防（1655年）には、200年後の安政地震から人々を救ったという故事がある。

②横浜の外国人居留地建設
【大規模開発】

江戸幕府は、寒村の横浜を近代的な都市機能を持った町に新規開発し、外国人と貿易商で賑わう近代的な都市に変貌させるなどの大規模開発を行った。

◆近代（明治〜戦前）
便利で快適な生活

近代では、江戸幕府から明治政府に主権が移り、殖産興業・富国強兵などの近代化政策のため、国家が主導となって、大規模な社会資本整備が進められた。この時代に、請負業が確立されて、入札制度が本格導入された。

社会資本整備の事例

①小樽港築港
【コンクリート製防波堤】

小樽港は、廣井勇により建設された、日本初のコンクリート製長大防波堤である。石狩湾に面する小樽港は、舟運の拠点として北海道開拓の玄関口となり、さらに、石炭積出港としても重要な港となった。

この当時に建設された防波堤は、建設

近代　明治～戦前

主な土木関連事業
◆新橋－横浜間鉄道開通
◆逢坂山トンネル
◆小樽港築港
◆安積疏水
◆琵琶湖疏水

琵琶湖疏水（京都府）
京都へ琵琶湖の水を引くためにつくられた用水路。衰退していた街を活気づけた。

［主なできごと］
1868年　王政復古
1894年　日清戦争
1904年　日露戦争
1923年　関東大震災
［主な著名人］
古市公威・廣井勇・田辺朔朗・後藤新平

から100年以上経過した現在でも当時のままに機能している。

廣井勇は「**工学が唯に人生を煩雑にするのみならば、何の意味もない。工学によって数日を要するところを数時間の距離に短縮し、一日の労役を一時間にとどめ、人をして静かに人生を思惟（しい）せしめ、反省せしめ、神に帰るの余裕を与えないものであるならば、われらの工学はまったく意味を見出すことはできない**」という言葉を残している。

②新橋－横浜間の鉄道開通
【交通ネットワーク】

明治政府は、殖産興業のため鉄道網整備を強力に推進し、明治34年には6．481kmが開業した。この当時の鉄道工事は、特命随意契約[※1]が中心であり、一部において、指名競争入札[※2]を実施していた。

③琵琶湖疏水
【多目的用水路】

琵琶湖疏水は、日本人技術者による、初めての近代土木工事であり、日本初の水力発電所でもある。

工事の主任技術者、弱冠25歳の田辺朔朗は、琵琶湖から京都まで、全長11103mの多目的水路を構築した。水路は、水道用水、灌漑用水、防水用水、小河川の浄化、水運、水力発電などに利用された。

この琵琶湖疏水による水利の妙で京都は蘇った。そして、古くて新しい独特の雰囲気を保ちつつ、現在に至っている。

田辺朔朗は「**自らは危険で過酷な環境に身を置きながらも、将来の豊かな社会を目指して世の中のために尽くすことが土木技術者のありようである。**」という言葉を残している。

※1 特命随意契約
他に適した者がいない場合など、競争を行わず特定の者と契約を行う。

※2 指名競争入札
発注者から指名を受けた者のみが参加できる。

主な土木関連事業

◆黒部ダム
◆首都高速道路・東海道新幹線・羽田空港
◆青函トンネル
◆明石海峡大橋

東海道新幹線
降積雪の状況でも運転ができるよう工夫されている。

明石海峡大橋（兵庫県）
明石海峡を横断する世界最長の吊橋。

［主なできごと］
1946年　日本国憲法施行
1956年　国際連合加盟
1964年　東京オリンピック
1970年　大阪万博
1995年　阪神淡路大震災
2011年　東日本大震災

［主な著名人］
田中豊・太田垣士郎・富樫凱一・藤井松太郎・赤木正雄

◆現代（戦後～）

成熟した豊かさ

戦後の日本は、国と地方によって、戦後復興及び高度経済成長を支えるための大規模開発が進められた。マニュアル化、技術のコモディティ化により、生産システムを合理化することで、大量生産にて、社会資本が整備された。

入札方式は、指名競争から一般競争[※3]となり、そして、さらに、価格競争から総合評価落札方式[※4]へと変遷していった。

社会資本整備の事例

①高速道路・新幹線の整備

【交通ネットワーク】

東京では、昭和39年の東京オリンピックを契機として、大阪では、昭和45年の万国博覧会を契機として、新幹線や自動車高速道路、地下鉄などのビックプロジェクトが進められた。

一方で、急激な社会の変革によって、環境汚染や公害などが発生し、経済成長・大規模開発・土木事業に対する批判的な意見も噴出するようになった。

②青函トンネル

【交通ネットワーク】

構想から40余年、昭和63年、北海道と本州を陸続きにした「青函トンネル」が完成し、函館・青森間の営業が開始された。全長53．85km、海面下240m、海底部を半分近くも占めるという、世界でも前例のない難工事であった。

この工事は、過酷な条件をクリアするため実用化された高度な新技術によって成功に導かれた。その高い技術力は世界からも注目を集めた。

※3 一般競争入札
資格要件が満たされればだれでも入札に参加できる。

※4 総合評価落札方式
価格のみでなく技術評価点との総合点で落札者を決めるもの。

土木の原点を見直す

古から1000年以上も続く土木事業は、多くの先人の志に支えられ、安寧で豊かな国土、くらしを築き上げてきた。

自然との闘いから始まり、時代と共に、社会基盤は成熟していき、安全・豊かさ・便利さは一定の水準をクリアしている。

しかし、いまだ自然との闘いは続いている。技術は向上し、知識は蓄積されているが、自然をコントロールすることは難しく、自然災害による甚大な被害の防止は大きな課題である。また、近年、社会基盤は飽和状態となり、インフラの老朽化・リニューアルという新たな課題に直面している。これらの課題は、我々の時代で解決すべきである。

かつての先人たちがそうしてきたように、土木の志、土木の原点を見つめ直し、将来を見据えた土木事業を行っていくことが必要である。

土木技術の向上等を目的に設立された「土木学会」

公益社団法人土木学会
〒160-0004東京都新宿区四谷一丁目 外濠公園内
【TEL】03-3355-3441(代)
【開館時間】9:30〜17:00
【休館日】土日祝祭日、振替休日、毎月第2水曜日

先にも書いたように、自然災害の多い日本では、暮らしを守り、社会・経済活動を支える基盤をつくるとともに、良質な生活空間を実現するため、「土木技術」はその中心的な役割を果たしている。この土木技術を学問として体系的に支えているのが「土木工学」である。土木工学の進歩および土木事業の発達ならびに土木技術者の資質向上を図り、学術文化の進展と社会の発展に寄与する目的で設立されたものが「土木学会」である。

「土木学会」の生い立ち

今日の日本の土木技術の礎となっている「土木学会」は古市公威を初代会長として、1914年に発足した。古市公威は、近代土木技術を習得し、その土木技術を発展させた初めての日本人である。古市公威は、フランスに留学し、体系化された土木技術を学び、帰国後、内務省土木局に入り、河川改修などに従事した後に、大正3年に土木学会初代会長に就任した。

その時の土木学会会長就任演説の内容

は、後世に残る名演説であった。この演説で説かれている土木の精神、土木の志が、時代と共に薄れている気がする。今ふたたび、この土木の志を再興すべきだろう。（土木学会会長就任演説（抜粋）現代語訳参照）

次世代の人々のために…新しい土木へ転換

人々の安心のため、豊かな暮らしのため、という土木の精神は、今も昔も変わらず、土木の存在意義である。

人のためという性質上、その分野に限りはなく、人や社会と共に変化していくことが必要である。高度経済成長期は、技術を画一化し、大量生産により豊かな生活の基盤を次々と造ることが求められた。今、日本国内を見渡せば、暮らしの豊かさ・便利さは一定の水準を超え、造ったものを如何に維持するか、管理するかという次の問題に直面している。今こそ、古市公威の精神を思い出し、次の時代の人々・社会のため、将来を見据えた新しい土木のあり方に、転換する良い機会であると思う。

古市公威の言葉を借りると、土木技術者は、将に将たる人、指揮者を指揮する者として、土木を中心として、分野を八方に発展させることが求められているのである。

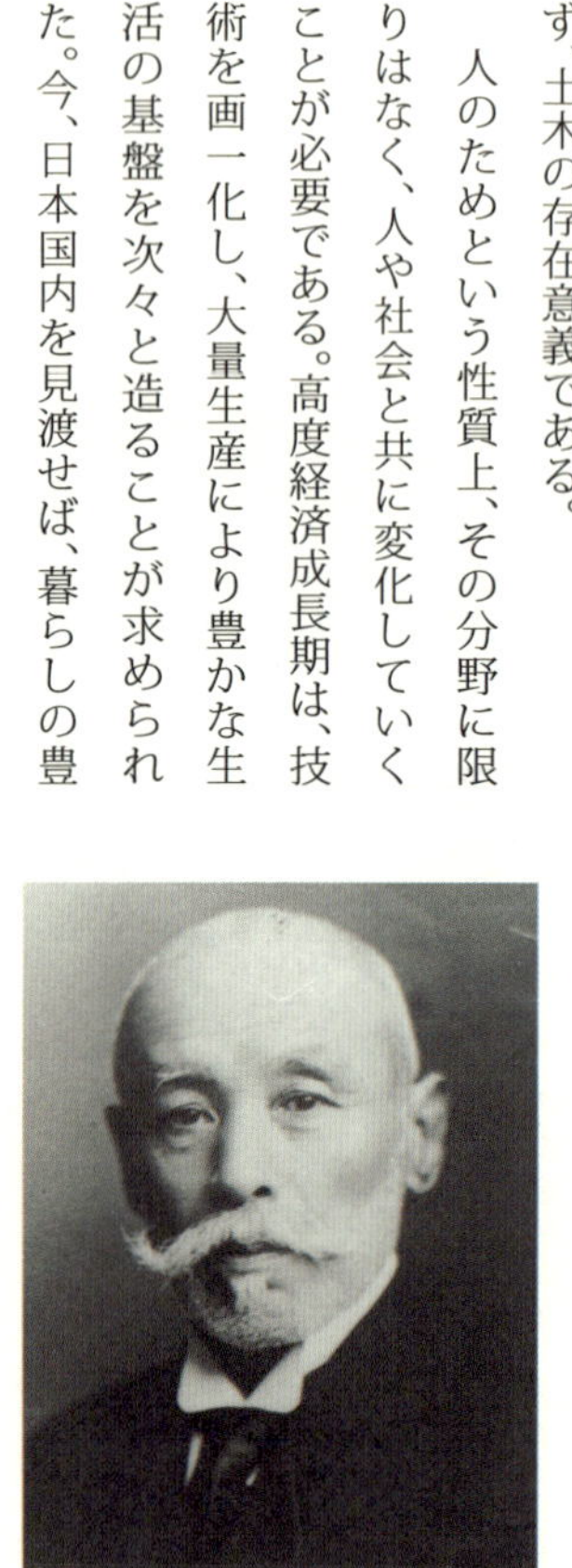

土木学会初代会長　古市 公威

writer　秀島 喬博［株式会社 大林組］

時代のニーズに合わせて 新しい土木へ転換

思えば、子供のころから、工作が好きだった。何もなかったところに、モノが出来上がるということが楽しかったのだと思う。大学に入り、各学科のガイダンス説明で、土木構造物に魅せられ、迷わず土木の道を選んだ。ものづくりをする業界は他にもあるが、スケールの大きさでは断然に土木構造物。そしてそのまま建設業へ。かかる時間が長ければ長いほど喜びは増し、苦労すればするほど完成した時に感動できる。土木では、それが味わえる。最初の地下鉄駅構築の現場では、何もなかった地下に大きな空間を造った。そこに電車が来たときの感動は今でも忘れられない。

土木学会会長就任演説(抜粋) 現代語訳

専門の学会において会長であることは学者の最も名誉とするところである。このたび土木学会の創立にあたり、はからずも自分がその第一回会長に当選したことは、自分にとって無上の光栄である。ここに謹んで会員諸君に感謝する。

工業家たる者はその全般について知識を有せねばならぬ

本会は他の学会と同じく、専門分業の必要により設立したのであるから、今後本会々員は専門の研究に全力を傾注すべきことは勿論であるが、このことについては少々議論が存在する。(中略)

仏国の教育は大体において総括的である。いわゆるエンサイクロペディカル エデュケーションである。とりわけ自分の学んだエコール サントラルでは1829年の創立にあたりその当初において「工学は一なり。工業家たる者はその全般について知識を有せねばならぬ」と宣言し、以来この主義を守りて変わらず、機械、土木、冶金、化学の四専門を設けたが学生は一般に各学科の講義を全て聴聞しなければならず、分科により課業の差別があったのは、実験設計の類のみであった。

将に将たる人を必要とする

本会の会員は技師である。技手ではない。将校である。兵卒ではない。すなわち指揮者である。故に第一に指揮者であることの素養がなくてはならない。そして工学所属の各学科を比較しまた各学科の相互の関係を考えるに、指揮者を指揮する人すなわち、いわゆる将に将たる人を必要とする場合は、土木において最も多いのである。土木は概して他の学科を利用する。故に土木の技師は他の専門の技師を使用する能力を有しなければならない。且つ又、土木は機械、電気、建築と密接な関係あるのみならず、その他の学科についても、例えば特種船舶のような用具において、あるいはセメント・鋼鉄のような用材において、絶えず相互に交渉することが必要である。

土木を中心として八方に発展する

本会の研究事項はこれを土木に限らず、工学全般に広めることが必要である。ただ本会が工学会と異なるところは、工学会の研究は各学科間において軽重がないが、本会の研究は全て土木に帰着しなければならない、即ち換言すれば本会の研究は土木を中心として八方に発展する事が必要である。(中略)

人格の高き者を得るためには総括的教育を必要とするという説は、しばしば耳にするところである。西洋においてラテン語に偉大な効果があることを認める学者が少なくないが、同様に我が邦においては漢学を以って人物を養成すべきであると説く者が多い。皆相応の理由がある。これらは本問題に直接の関係はないが、参考に値するものであると認識している。

会員諸君、願わくば、本会のために研究の範囲を縦横に拡張せられんことを。しかしてその中心に土木あることを忘れられざらんことを。

古市公威

先人の言葉

土木にかけた熱き想い

田辺朔郎・たなべさくろう　１８６１〜１９４４年　琵琶湖疏水建設に尽力。

自らは危険で過酷な環境に身を置きながらも、将来の豊かな社会を目指して

「世の中のために尽くすことが土木技術者のありようである。」

廣井勇・ひろいいさみ　１８６２〜１９２８年　小樽港築港建設に尽力。「港湾工学の父」と称される。

「この貧乏な国で、民衆に十分な食べ物も与えられずに、**神を説いても役立つとは思えない。だから、僕は伝導を断念して、いまから土木に入る。**」

八田與一・はったよいち　１８８６〜１９４２年　水利技術者。台湾烏山頭ダム建設に尽力。

「**技術者を大事にしない国は滅びる。**
よい仕事は安心して働ける環境から生まれる。」

出典：「土木のこころ」田村喜子（山海堂 2002年5月）

あるいはインフラを整備するに際して、いちばん核となるのは人間であり、その心なのだ』、『地域づくり、都市計画は目先のことより将来を見通した百年の計の大切さを垂範した』、『日本の国土で人間が住む土に落とした土木技術者の汗を、私は尊いと思うのである』、『本書で取り上げた男は、いずれも土木のロマンを自らの人生に反映させ、国づくりに邁進した男たちであり、荒廃した国土を立て直して今日の繁栄につなげた方たちである』といった、土木への熱い想いが凝縮された言葉がぎっしり書かれている。土木にかける思い、そして土木技術者としての誇りを感じ取って頂けるのではないかと思う。

赤木正雄・あかぎまさお　1887〜1972年　農学博士。「砂防の父」と称される。

「技術官は直接国民を災害から護り、国土を安定させ、産業の基盤を創り、文化向上の源泉をして、**黙々と興す業績はいつか立派に結実して永遠に国家に寄与する。**」

星野幸平・ほしのこうへい　1929〜2001年　鳶職人。橋梁、鉄塔建設に尽力。

「おれは日本一の橋架け屋を自負しているよ。そう思わなくちゃいけないんだ。**おれは橋架けにロマンを求めてきたんだ。**夢ってのは追いかけなきゃいけないって、おれは思うよ。」

吉田巖・よしだいわお　1926年〜　本四公団元理事。明石海峡大橋建設に尽力。

「時間と金を投入して技術をアップさせたい。技術的に難しいから止めようというのはダメ。必要性の議論をすべきなのです。**必要性のあるところに必ず技術がついてくるのです。**」

私は、温故知新という言葉が好きだ。「古きをたずね求めて新しい事柄を知る」ということである。これからの次代を担う土木技術者のあるべき姿を考える上では、やはり先人たちの土木に対する思いを知るのが一番だ。

ここでは、田村喜子の著書「土木のこころ」の中から、実際に土木を通して世に貢献してきた、先人たちの言葉を紹介する。

同書のまえがきでは、『″恵まれない人たちに少しでも暮らしやすい社会資本をつくりたい、そんな思いでぼくは土木を選びました″と熱っぽく語った土木技術者たちを私は忘れることができない』とか、『土木には技術と同時に土木のこころが伴わなければならないと私は思う。社会資本、

03.

明るい？
厳しい？

数値で分かるニッポンの今、土木の今

本格的な人口減少社会に突入

今後の日本を語る上で、人口減少、高齢化は欠かすことのできない深刻な課題である。

日本の人口は現在、約1億2700万人である。しかし、国立社会保障・人口問題研究所では、2030年には1億1600万人、さらに2060年には9000万人になると推計されている。日本の人口推移を振り返ると、明治初期3000万人だった人口は年々増加し、昭和初期になると7000万人にまで増えた。その後も増え続け、1960年代後半に

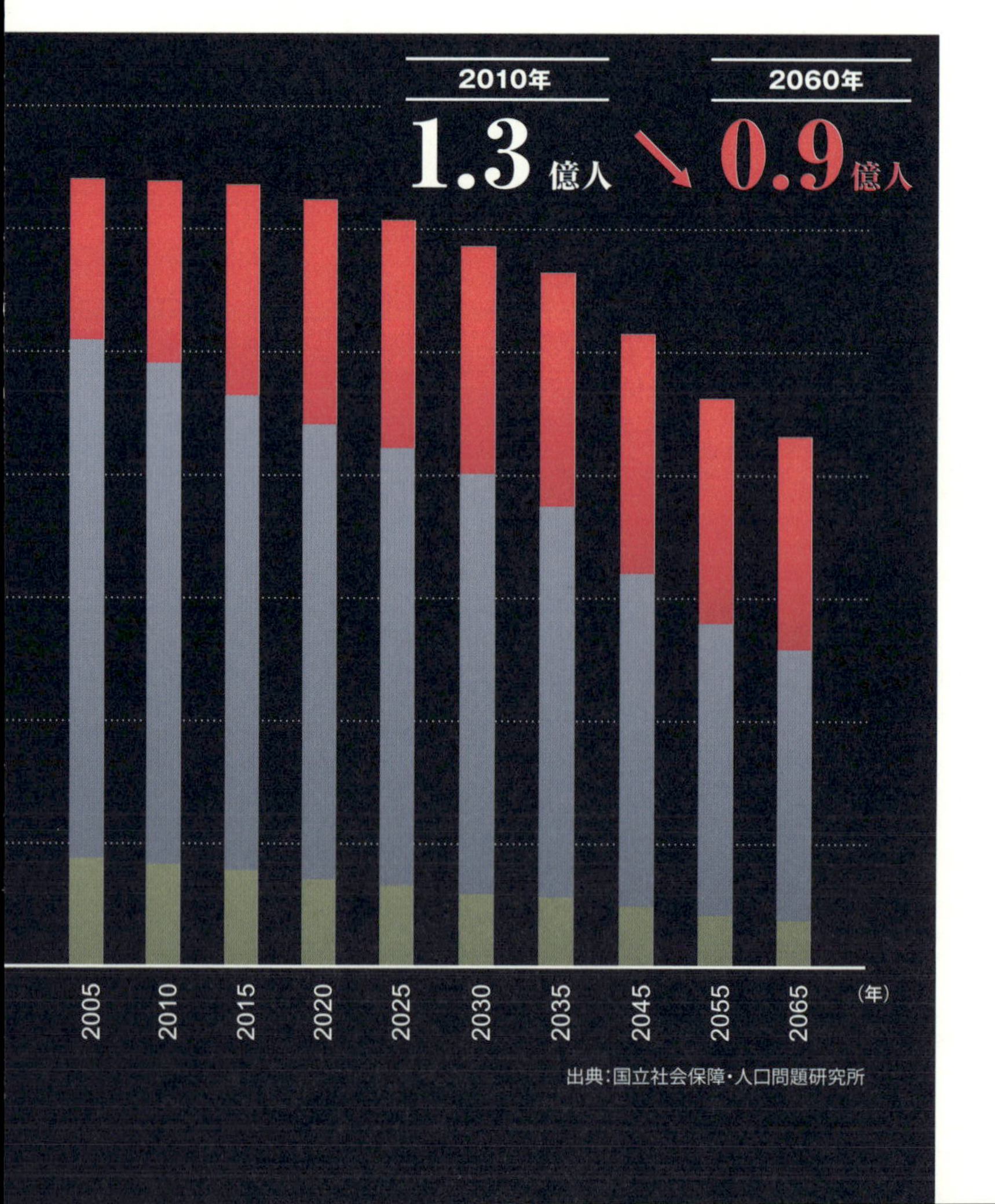

出典：国立社会保障・人口問題研究所

は1億人を超えた。そして、２００８年にピークを迎え、人口は1億２８００万人になった。しかし、それ以降は減少の一途をたどっており、今後もその傾向は変わらないものと予測されている。

人口減少の背景をみると、１９５０年頃の急激な人口増加に対して、育児制限と海外移住の両面から政策的対応が行われた経緯がある。そうした中、１９７０年代半ば以降、それまで安定していた出生率が急激に低下することとなり、人口減少の引き金になっている。

次に、出生率の低下が引き起こす社会への影響についてみてみよう。

出生率の低下は、当然のように将来の生産年齢人口（１５～６４歳以下）の減少を招くことになる。このことは、日本社会を支える働き手の不足を意味する。［図-1］を見ると一目瞭然で、生産年齢人口は

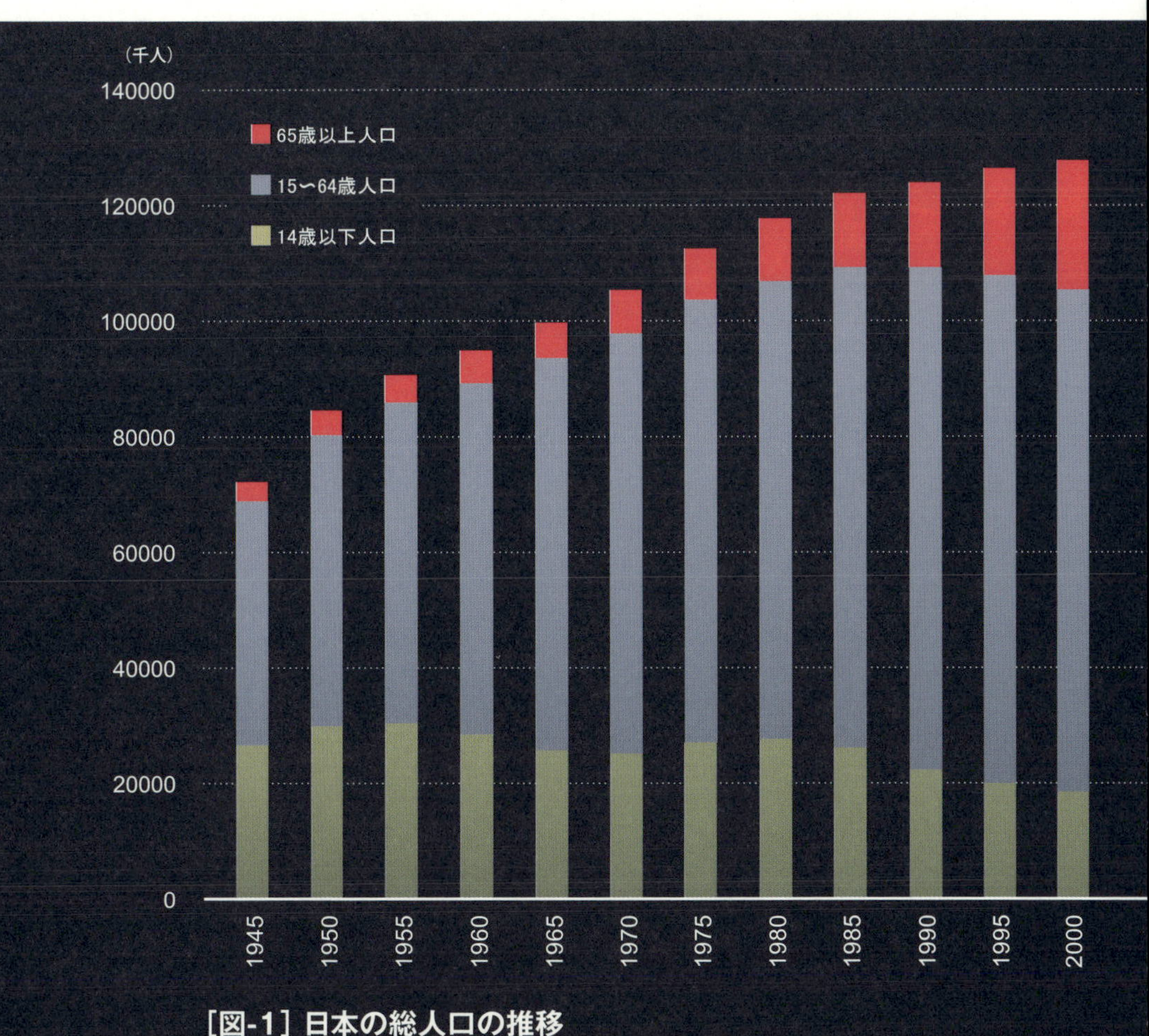

［図-1］日本の総人口の推移

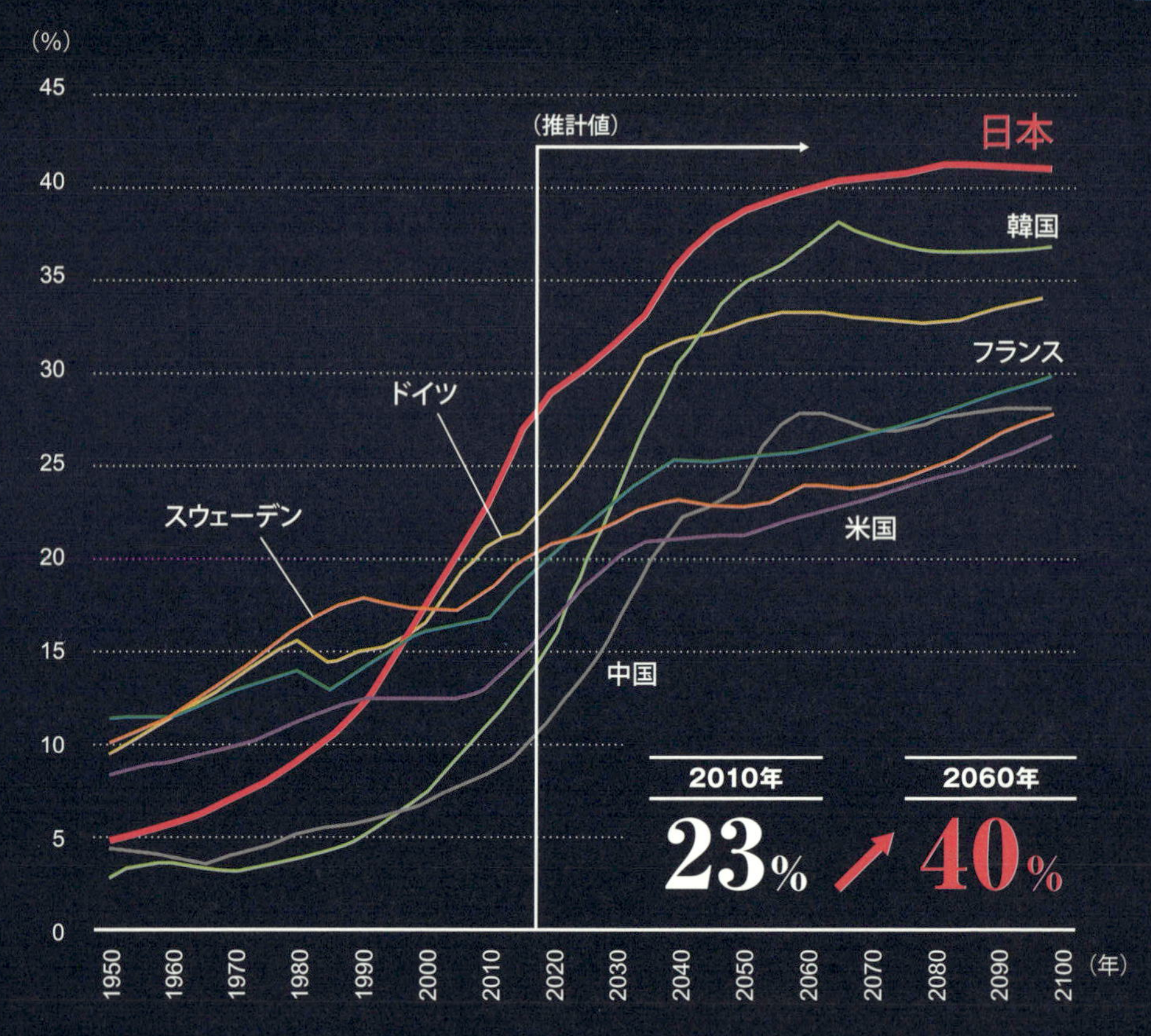

出典:「人口動態について」(内閣府 2014年2月)

[図-2] 65歳以上の人口比率

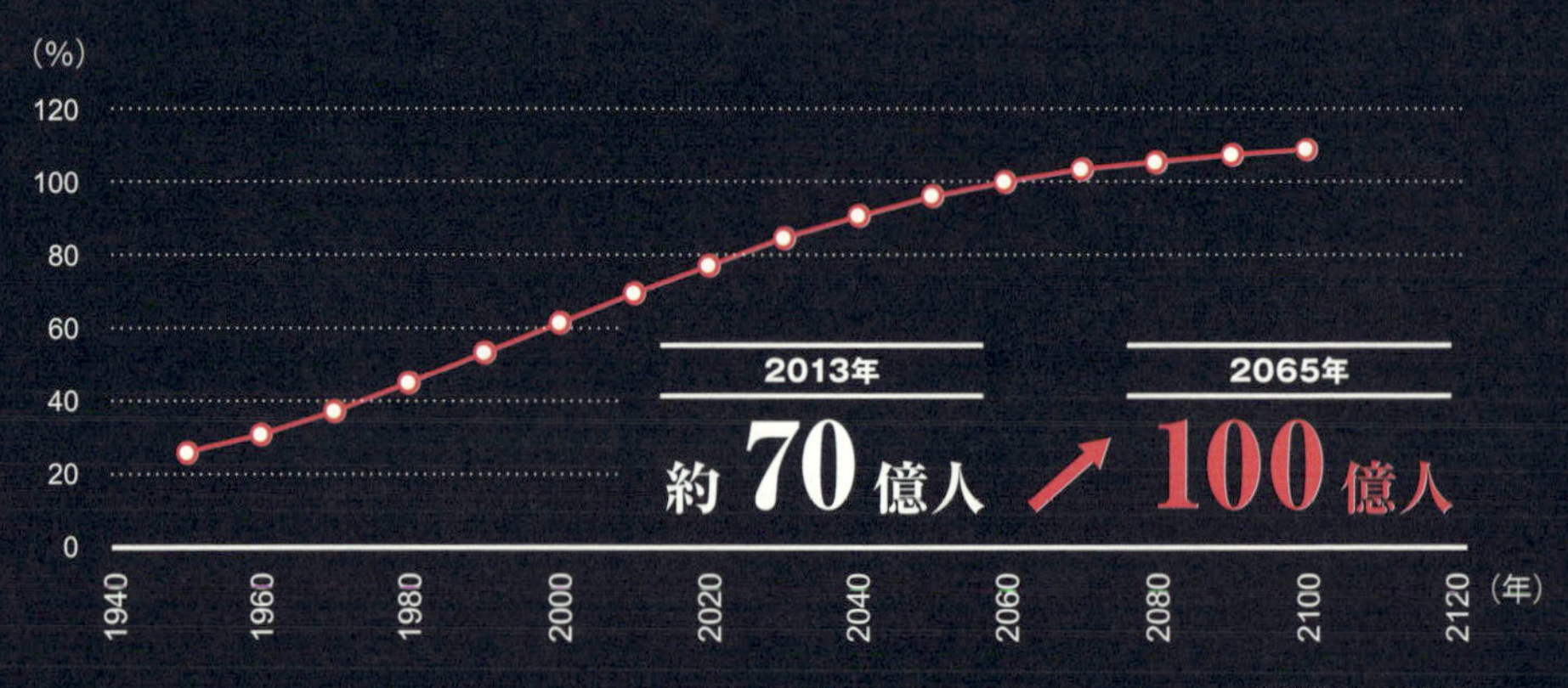

出典:「World Population Prospects:The 2012 Revision」(国際連合 2013年)

[図-3] 世界人口の推移

今後も減少し続けることが予測されている。

このような人口推移を踏まえると、今後の日本社会の成長にあたっては、働き手不足を補完するためにも、さらなる女性の社会進出や、高齢シニア層の活躍機会の提供など、多様な層が働きやすく活躍できる環境整備は、今後の日本社会が抱える喫緊の課題であると言えよう。

世界に例を見ないスピードで加速する日本の高齢化

もう一度「図-1」を見てもらいたい。

総人口の減少の中で、６５歳以上の高齢者の人口は増え続けていくことが予測されている。

１９５０年当時、日本の高齢化率は主要国の中では最も低く５％程度であった。（「図-2」を参照）それが１９７０年には７％を超え、１９９４年には１４％に達している。この点について、高齢化率が７％から１４％に達するまでの年数を主要国で比較してみると、フランスが１１５年、イギリスが４７年、ドイツが４０年かかっているのに対して、日本は先の通り２４年である。

このように、日本は世界に例を見ないスピードで高齢化が進行していることが分かる。さらに、日本の高齢化は加速し、２０１０年には２３％、そして２０６０年には４０％まで上昇することが予測されている。

特に、このような高齢化は、地方部において顕著である。このままいくと、経済的・社会的な共同生活の維持が困難となり、やがて消滅に向かうとされる限界集落の増加など、地域存続の危機と言っても過言ではないような事態を引き起こすことになる。こうした高齢社会の到来に対してどのような国土計画、まちづくりを行っていくのか？土木に求められる役割は大きい。

増え続ける世界の人口

一方、世界の人口は、現在は７０億人に達していると言われており、産業革命を境に急激に増加し始めた。１９５０年に２５億人だった人口は、１９９０年に２倍の５０億人に達し、１９９８年に６０億人を超えた。現在は、１年に７８００万人、１日に２０万人、１秒に２.４７人ずつ増えていると言われている。国連の予想によると、このペースで増え続けると、２０６５年には１００億人を超えるとさ

れている。(［図-3］を参照)

このような人口増加は、今後本格的に水、食糧、エネルギーなどの資源不足の問題を引き起こすことが予測されている。例えば、世界では、約9億人が安全な飲み水を手に入れることができない状況である。その一方で、一人あたりの水の消費量は、世界人口の2倍の速さで増加しており、2020年には今より40%以上の水が必要になるとも言われている。

また、いわゆる富裕層は、その限られた資源を次々に消費し、自然災害をもたらす気候変動の要因を作っている。その要因により、世界の人々の多くは、干ばつ、洪水、熱波、竜巻、暴風雨、地震、津波といった自然災害の影響を強く受けている。

人口増加の約97%は、発展途上国に集中している。日本や、ヨーロッパ諸国では、1人あたりの出生率は1.5人以下だが、アフリカ諸国では5人以上になる。国によっては、教育、仕事、食糧、保健医療、飲料水、住居、エネルギーなど、生活する上での最も基本的な資源やサービスを手に入れることすら困難になってきており、貧富の差はどんどん拡大している。

このように、世界を見渡すと、安全安心で豊かなくらしを営む上での水、食糧、エネルギーの問題、さらには自然災害への対応など、日本の土木技術が貢献すべき舞台が多い。

日本の社会インフラの老朽化

1960年代、日本は高度経済成長期の真っただ中にあり、道路、トンネル、橋などの社会インフラが一斉に整備された。特に、1964年の東京オリンピック開催に向けて、首都高速道路や東海道新幹線など、現在の社会経済活動の礎となる社会インフラが大量に整備された。

例えば、道路について考えてみると、オリンピックを契機として、高速道路、一般道路の整備が進み、現在では、高速道路のネットワークは全国をほぼ網羅し、それを補助する地域高規格道路も整備が進められている。2012年4月時点での道路の実延長は、120万kmに達している。これは、地球30周分にあたる長さである。(［図-4］を参照)

このように、全国を網羅的に整備されている道路は、人や物の移動・輸送のみならず、電気・ガス・上下水道・電話等の配線を収容する施設として、さらには避難路や延焼遮断帯としても活用されており、国民の日常生活や社会経済の活動を支え

一般国道
67,427.3km

都道府県道
142,408.9km

市町村道
1,054,516.5km

高速自動車道
9,267.7km

合計 1273620.4 km

出典:道路統計年報

=

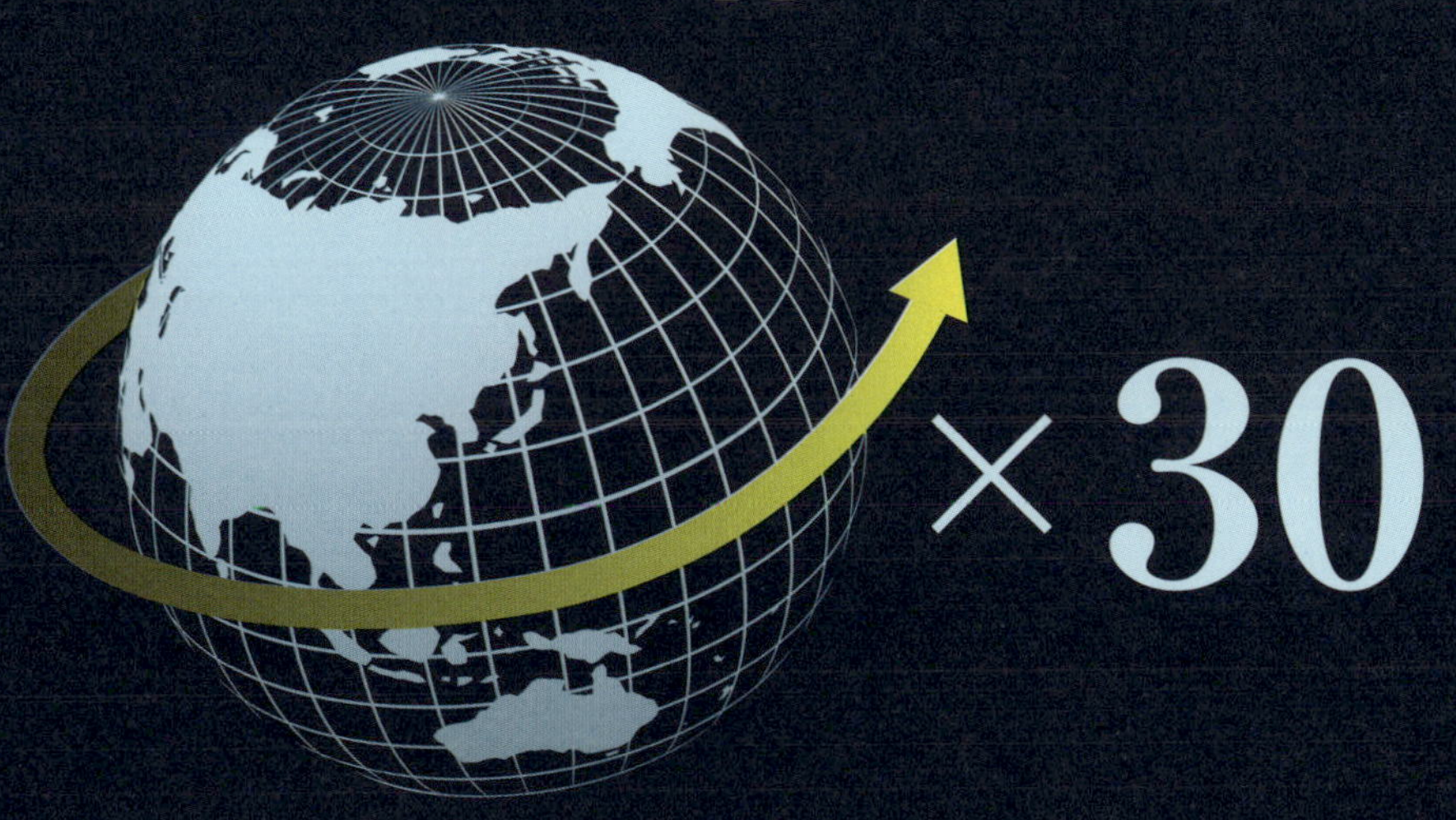

日本の道路の実延長は地球約30周分にあたる

道路は国民の生活・経済にかかせない存在

［図-4］道路の実延長:日本

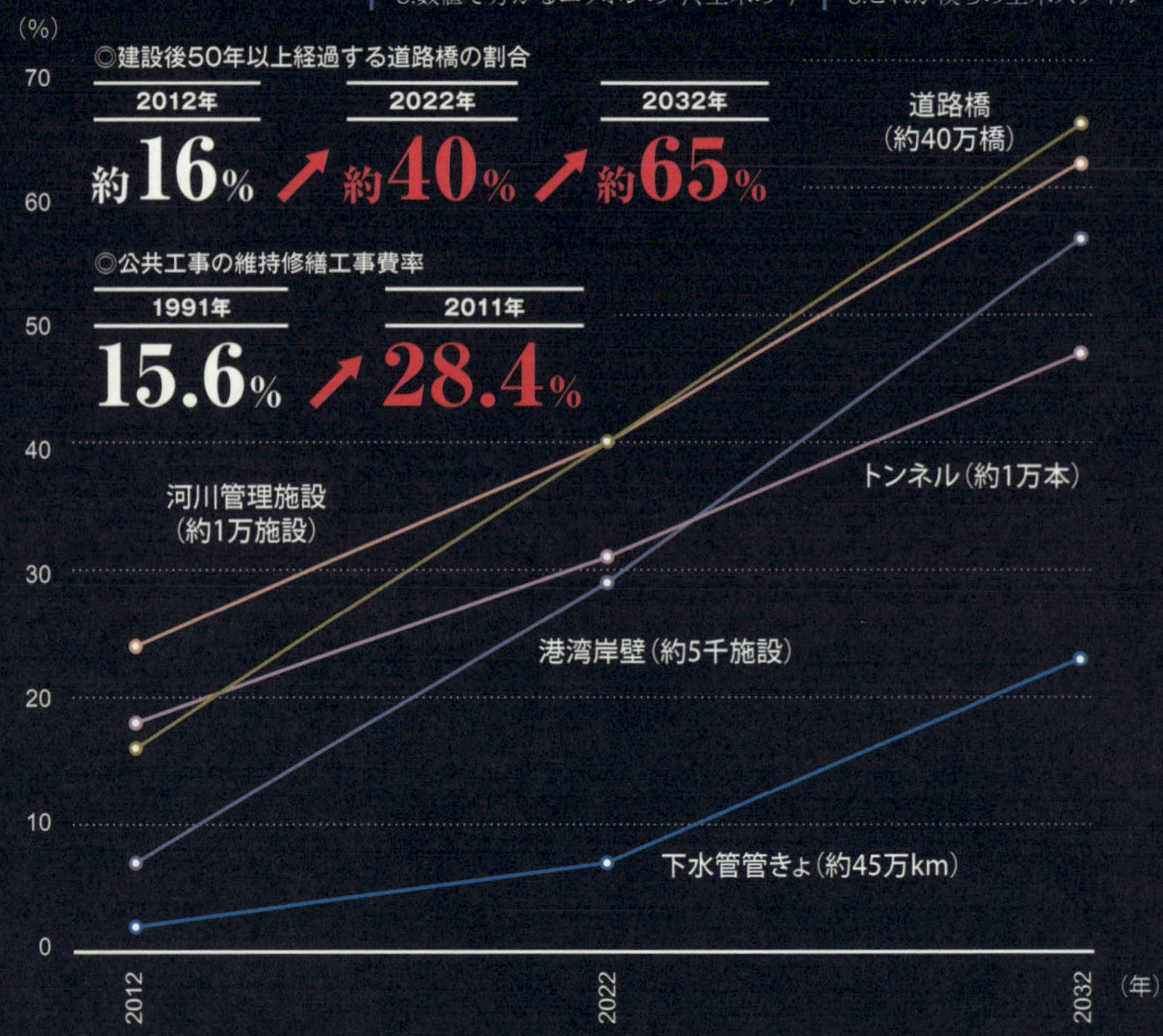

［図-5］50年経過施設の割合

るライフラインとして重要な役割を担っている。

しかし、高度経済成長期以降に集中的に整備されたインフラは、一般的に寿命と言われる建設後50年を経過し、老朽化が大きな問題になっている。

国土交通省の資料によると、建設後50年以上経過する道路橋の割合は、2012年で16%であったのに対し、2022年では40%、2032年では65%に達するとされている。また、公共工事の維持修繕にかかる費用の割合は、1991年で全費用の15.6%にあったのに対し、2011年では28.4%となっている。(［図-5］を参照)そして、今後50年間に必要なインフラ更新・修繕にかかる費用は、190兆円にも達すると言われている。こうした中、土木業界においては効率的なインフラマネジメント

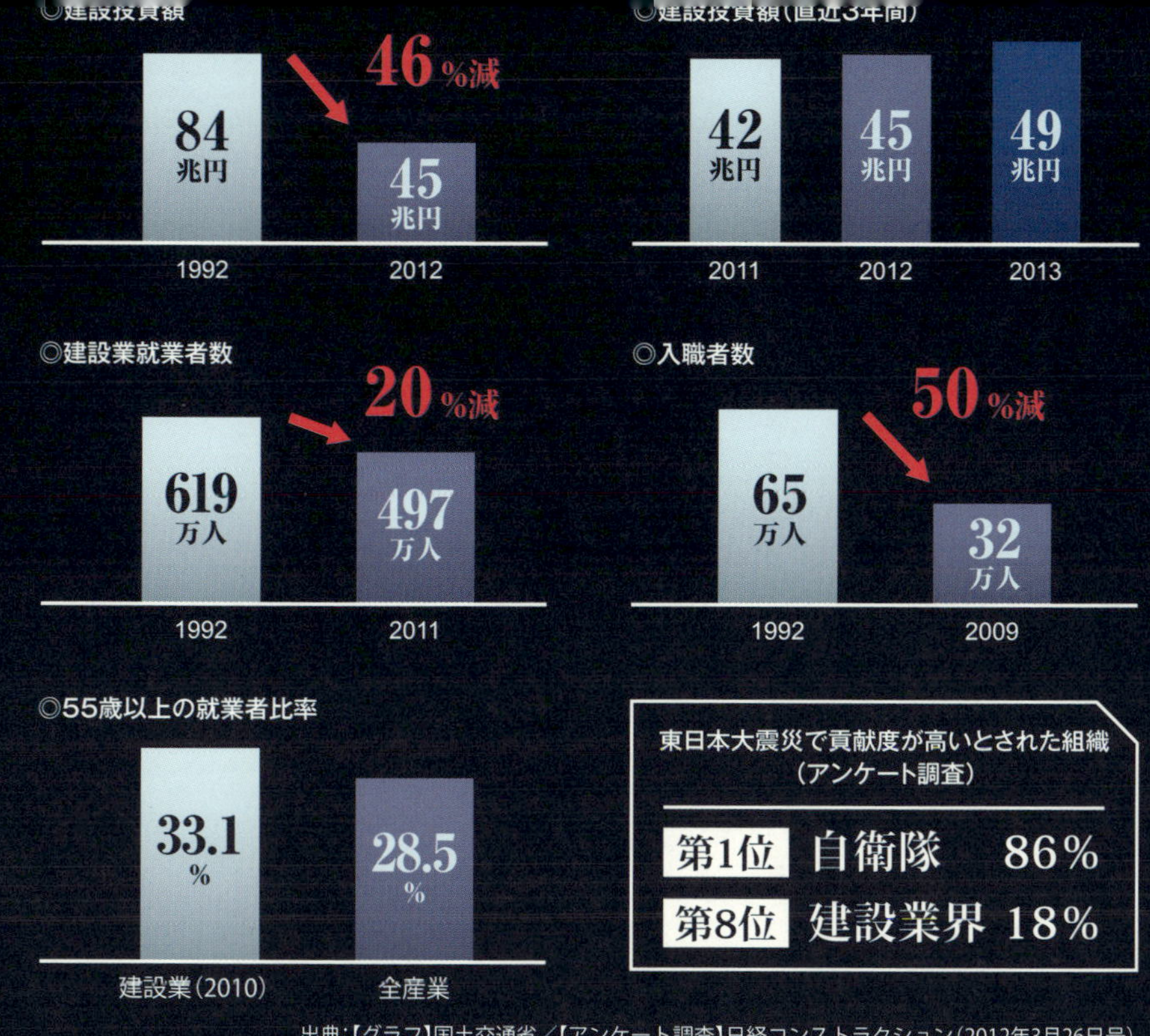

［図-6］土木業界の今

の確立が求められている。

土木業界の今

［図-6］に、土木業界の今を知るためのデータをまとめてみた。

概要を整理すると、日本の国家財政の状況が厳しくなる中で、建設投資はピーク時の半分にまで減少している。ただし、直近3年間は東日本大震災からの復興や地方創生、防災・減災、さらにはインフラ老朽化問題などへの対応として、徐々に投資額を増加している状況である。

次に土木業界内部のデータをみると、建設業就業者はピークの20%減、土木への若手入職者は半減、さらに就業者の高齢化が他産業以上に進んでおり、将来の担い手不足が懸念されている。

また、過去のアンケート調査をみると、

東日本大震災で貢献度が高いとされた組織としては、1位が自衛隊86％、建設業界は8位で18％という結果が報告されている。しかし、この件について一言もの申したい。

東日本大震災における人命救助等の災害対応として、自衛隊が早急に被災地へ出向くことができたのは、地元建設業者が真っ先に現場に入り、不眠不休で道路啓開をしたおかげなのだ（この辺りは、書籍「前へ！東日本大震災と闘った無名戦士たちの記録（麻生幾著・新潮社出版）」を読んでいただければ実態が分かるはずだ）。

しかし、こうした土木の働きは、報道に大きく取り上げられることはなかった。この点については、土木のPR不足であり、真摯に反省すべきことである。

求む！未来の技術者たち

このように、われわれを取り巻く社会情勢はお世辞にも「よい」とは言えない。

しかし、土木という仕事は、国民の生活を支えるという重要な使命がある。現在の厳しい状況をそのまま受け入れ何の行動も起こさなければ、土木が果たすべき役割、サービスの質を下げることになる。

それはイコール、国民の生活の質を下げることになる。そうならないためにも、われわれは真剣に社会的課題に対処していかなければならない。

だからこそ、今、逆境に打ち勝つための発想や技術、そして何よりも強い志を持った新しい風が必要とされているのだ。

writer　東本 靖史 ［日本データーサービス株式会社］

本気で日本の未来を考えた3年間だった

土木を取り巻く環境は厳しくなりつつあるが、土木技術者がやらなければならないことは山積みである。私心なき志を持ち、「もっと日本を良くしたい」との一心で、議論を重ね日本の未来を本気で考えた。
若い仲間を一人でも増やしたいとの一心で、寝る間を惜しんでこの書籍を執筆した。世界一の技術力を絶やすことなく、これからも世界に誇る日本をつくり続けたい。

どんな困難な環境でも
人々の豊かな生活を守るために。

若手技術者に指導するベテラン技術者

多数のベテラン技術者が退職するため、若手技術者への技能継承が大きな課題となっている。

04.

果たすべき役割

思い描く土木の将来ビジョン

大切にしたい価値観

古くからわれわれは、土木事業を通して国土に何らかの働きかけをすることで、その恩恵を受けてきた。例えば、歴史を動かす大戦の備えとして湿地帯を埋め立てたり、大洪水からくらしを守るために河川の流れを変える大改修をしたり、生活の利便性を高めるために新幹線や高速道路を整備してきた。

そして現代に生きるわれわれは、そうした過去の土木事業の影響を受けた国土の上で、安全・安心で豊かな生活を営んでいるのである。

では、現在のわれわれ世代は、将来の世代に対してそうした責任を果たせているのだろうか。

現在の土木事業を取り巻く論調をみると、「今の公共事業の是非は、費用対効果のみで評価しているのではないか?」とか、「将来を見通さず現在の価値観だけで、公共事業＝ムダと決めつけていないか?」など、経済性に偏重しているように思えてならない。こんなことでは、胸を張って将来への責任を果たしているとは言い難いのではないかと感じる。さらに言うと、そもそも公共事業に対して市場競争の価値観で評価するのはナンセンスなのではないかとも思う。

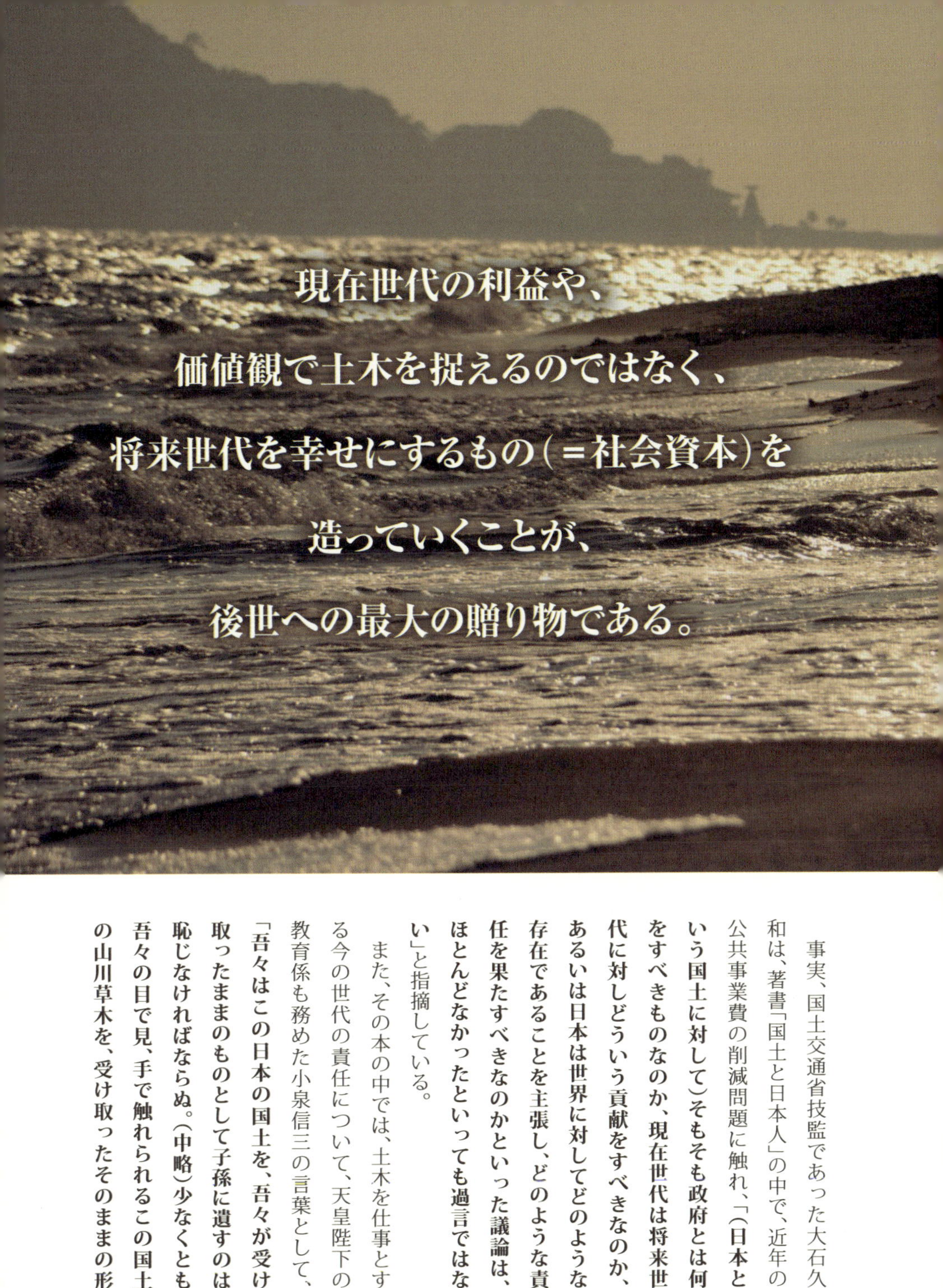

事実、国土交通省技監であった大石久和は、著書「国土と日本人」の中で、近年の公共事業費の削減問題に触れ、「(日本という国土に対して)そもそも政府とは何をすべきものなのか、現在世代は将来世代に対しどういう貢献をすべきなのか、あるいは日本は世界に対してどのような存在であることを主張し、どのような責任を果たすべきなのかといった議論は、ほとんどなかったといっても過言ではない」と指摘している。

また、その本の中では、土木を仕事とする今の世代の責任について、天皇陛下の教育係も務めた小泉信三の言葉として、「吾々はこの日本の国土を、吾々が受け取ったままのものとして子孫に遺すのは恥じなければならぬ。(中略)少なくとも吾々の目で見、手で触れられるこの国土の山川草木を、受け取ったそのままの形

で子孫に遺すのは不面目なことではないか。吾々はそれを前代から受け継いだよりも良いものとして、これを次代に引き渡さなくては済むまい。」を引用し、最後に「**私たちも将来、『あの世代は後世のために何を遺したのか』と言われないだけの責務は果たしていきたいものである**」と述べている。

さらに突き詰めると、「**後世のために何を遺したのか**」という言葉は、おそらく内村鑑三の著書「後世への最大遺物」を意識して書かれたものだと思う。

その本の中では、答えとして「**この世で最も尊ばれるべきことは、金を残すことでもなく、名誉を残すことでもなく、後世の人々を幸せにする遺物を残すことである**」としている。これが意味することを、私なりに（おこがましいが）土木という仕事に置き換えてみると、「現在世代の利益や、価値観で土木を捉えるのではなく、将来世代を幸せにするもの（＝社会資本）を造っていくことが、後世への最大の贈り物である」と解釈できるのではないかと思う。

以上のような文章に触れていると、現在の土木を取り巻く論調が、「将来の世代へ安全で豊かな国土・くらしを残していく」といった、土木本来の意味を見失っているような気がしてならないのである。

土木事業は将来への投資

国家にせよ、企業にせよ、投資なしで成長することは不可能だ。企業が設備投資を行うのは将来の成長のためである。「今の所得」のためではなく「将来の所得」のためにお金を投じる、これが投資である。

国家も同じで、政府が公共事業を行いインフラ整備するのは、現在の雇用を生み出すこともあるが、「将来の世代が所得を稼ぎ、豊かにくらせるようにするため」に現在の予算を投じるのである。現在のわれわれが快適なくらしをしているのは、過去の人たちの投資の賜物である。過去の世代が将来の世代、つまりわれわれのために多大な投資をしてくれていなければ、現在のこのくらしはないのである。

自分たちは、過去の人たちの投資のおかげで快適なくらしをしておきながら、「将来の世代のために今の予算を使って投資するのはゴメンだ。それより、今、われわれがもっと快適にくらせるように予算を使って」というわがままな考えはいただけない。少なくとも私は、過去の先祖様にも、将来の子供・孫たちにも恥ずかしくて顔向けできない。

こうした土木を将来への投資と考える

価値観を、土木に従事するもの、土木を志すものたちが共通認識として仕事に立ち向かうことこそ、現在のわれわれが果たしていくべき責務なのではないだろうか。

時代を先取る企業のビジョン

土木の将来ビジョン(=あるべき姿)を考える上で、時代の最先端を行く企業のビジョンを参考にすることは有意義だろう。

以下に、いくつかの企業のビジョンを示した。このように時代を先取る企業のビジョンをみると、心躍る・共感するような将来のあるべき姿をわれわれに提示してくれる。

Softbankは、30年後、世界時価総額トップ10に入るため、「その時代・時代で、世界で最も優れた企業とパートナーを組み、イノベーションを生み出す」というビジョンを掲げている。また、Hondaは「社会のニーズを先読みし、ホンダにしか思いつかない独創的な技術でモビリティにさらなる進化をもたらす」、Appleは「従来のアナログなものとは全く異なるソフトウェア技術を駆使し時代の覇者となる」、JAXAは「世界最高の信頼性と競争力あるロケットや人工衛星を開発する」としている。

さらに、かつてのソニーは「新しいソニー製品(ウォークマンなど)を市場に出したら、人々のライフスタイルも含めて市場を啓蒙しなければならない」といったニーズを先導する思いで、世の中に製品を提供してきたと書かれている。

こうした企業のビジョンは、世の中のニーズに対応するといったニーズありきのものではない。世の中に自らの主張を問い、自らがニーズを創り出し、さらに世の中のライフスタイルをも変えていくという姿勢をとっている。ただし、それらは決して自己主張を押しつけるようなものではない。それらは、「将来そうなりそう」とだれもが簡単に思い描けるものである。このことが、人々の感動をよび、そして共感を得るポイントであり、時代を先取るニューパワーなのではないだろうか。

先にも示したとおり、土木という事業は時に歴史を動かし、時に人々のライフスタイルを一変するような極めて社会的インパクトの大きい事業である。土木に関わるそれ自体がダイナミックで、魅力的で、人々の共感を得るものである。

時代の最先端を行く企業のビジョン

SoftBank

- 情報革命で人々を幸せにしたい。
- 過去の世界時価総額トップ10を調べると100年前には鉄道会社、製鉄、石油・石炭、銀行がランクイン。30年前はIBM、エクソンモービル、AT&T。その時代に人々が最も必要とした企業、最も必要な資源を提供した企業がランクイン。30年後には、人々から必要とされる企業でありたい。
- 事業領域の枠にはまらず、その時代・時代で世界で最も優れた企業とパートナーを組む。

Honda

- Hondaは、自動車メーカでも、ロボットメーカーでもない。人の「移動」を可能にするものはすべて、事業領域と考えた「モビリティメーカー」となる。
- 社会のニーズを先読みし、Hondaにしか思いつかない独創的な技術で、モビリティにさらなる進化をもたらす。
- 夢を叶えるカタチにこだわらない。人の移動を可能にするものはすべて事業領域と考える。

Apple

- 30年ロードマップ、映像・画像・音楽・書籍・ゲームなどのあらゆるコンテンツがデジタル化され、従来のアナログなものとは全く異なるソフトウェア技術を駆使したものになる。
- Appleは、そこに必要なIP・ソフトウェア・デバイス・サービスを提供するデジタル時代の覇者となる。

JAXA

- 安全で豊かな社会をつくりたい。国民の希望と未来をつくりたい。
- 世界最高の信頼性と競争力あるロケットや人工衛星を開発する。

土木の「目的」と「手段」

そもそも、土木事業は、何のため（目的）に行われる事業なのか？

その問いに対して、「安全・安心で豊かなくらしを実現するため」という答えに大きな違和感はないだろう。どの時代においても、土木事業は国土に働きかけ、その恵みを得ることに変わりはない。つまり、土木事業の目的は普遍的なのだ。

そうした前提を置いた上で、時代を振り返ってみる。戦後から高度成長期にかけては、日本には鉄道や道路といったインフラの絶対量が不足していた。そのため、当時は豊かなくらしを手に入れるために、どうしてもインフラ建設が必要であった。つまり、「目的（豊かなくらしを手にする）＝手段（インフラ建設）」という構図が社会の中で成立していた。

しかし、インフラ建設がある程度進み、モノに満たされた現代社会においては「量から質」、「物質的な豊かさから心の豊かさ」、「造るから使う」といった国民意識が一般的である。そうした中で、「インフラ建設だけで豊かなくらしを実現するんだ」と時代錯誤な論調を叫んでいては、とうてい国民の理解を得ることはできない。今は、過去のような「目的＝手段（インフラ建設）」がまかり通る世の中ではない。つまり、「目的≠手段（インフラ建設）」になっている。そして、その事実を、われわれ土木に従事するものはしっかりと直視しなければならない（個人的には現状の日本が直面する危機を回避するために建設すべきインフラは多く存在すると思うが…。詳しくは1．ドボクサイコウ参照）。

それでは、今の時代、豊かなくらしを手にするために、インフラ建設だけでなく、どのようなサービスを世の中に提供することが必要なのであろうか？

見えてくる将来ビジョン

繰り返しになるが、過去の土木事業においては、インフラ不足という社会的課題に対してインフラ建設という手段をもって、世の中に豊かなくらしを提供してきた。

しかし、現代の社会的課題を挙げてみると、いつ起きてもおかしくない大地震への備えをはじめ、ゲリラ豪雨や竜巻による新たな都市災害対応などの災害問題、老朽化したインフラのメンテナンス・リニューアル問題、さらには財政問題、少子高齢化問題、エネルギー問題、食料問題など枚挙にいとまがない。

こうした状況においては、これまでと

土木事業の目的は「安全・安心で豊かなくらしの実現」である。

これは、どんな時代でも普遍的なものである。
それでは、「インフラ建設」は目的なのだろうか？

インフラ不足の時代

目的＝手段

安全・安心で豊かなくらしの実現（目的）のためには、インフラ建設（手段）が必要であった。

インフラの維持・高度化の時代

目的≠手段

安全・安心で豊かなくらしの実現（目的）のためには、インフラ建設（手段）だけでなく、新たなサービスが必要である。

	インフラ不足の時代 戦後(目的＝手段)	インフラの維持・高度化の時代 現代～(目的≠手段) ……→ ?
時代キーワード	・戦後復興 ・高度成長 ・バブル（バブル崩壊）	・デフレ ・経済停滞
社会・経済	・人口増加 ・製品輸出、資本投資 ・製造業主体 ・税収拡大	・少子高齢化 ・海外移転、資本流出 ・サービス業拡大 ・税収減少
国民意識	・物質的 ・開発 ・所有（車、家電）	・精神的豊かさ、心のゆとり ・環境保全 ・使用（インターネット）
働き方	・モーレツサラリーマン ・企業戦士 ・お客様は神様	・ワークライフバランス ・男女平等 ・経営戦略
建設業界	・量 ・造る ・成長型都市 ・一方的に与える	・質 ・使う（機能アップ） ・成熟型都市への対応 ・一緒に造る

同じようにインフラ建設のみのサービス提供では、土木事業本来の目的である安全・安心で豊かなくらしを実現することはできない。

では、どのようにして、豊かなくらしを提供していくのか？

このような複雑化した社会的課題は、何も土木業界だけの問題ではない。例えば、開発デベロッパー、不動産業、ＩＴ産業、製造業（自動車メーカー、食品メーカー）、電力業界、エネルギー業界、さらには金融業などにも深く関与した問題である。土木業界が、こうした異分野の業界、企業と連携し、最先端の技術を組み合わせれば、これまでになかったイノベーションを生み出し、新たなサービスを提供することができるのではないだろうか。

そして、この概念は、土木の礎を築いた初代土木学会長である古市公威の考えと同じものである。土木学会会長就任演説における古市史観は以下の通りである。

「本会の会員は技師である。技手ではない。将校である。兵卒ではない。すなわち指揮者である。（中略）指揮者を指揮する人すなわち、いわゆる将に将たる人を必要とする場合は、土木において最も多いのである。」

「本会の研究は土木を中心として八方に展開する事が必要である。（中略）会員諸君、願わくば、本会のために研究の範囲を縦横に拡張せられんことを。しかしてその中心に土木あることを忘れられざらんことを」

つまり、土木とは本質的に、その周囲を取り巻く分野の技術を取り込み、そしてその技術を国民のくらしの中に落とし込むことが必要であるとしている。そしてその中心に土木が存在し、その指揮者となるべきとしている。

このように、土木学会の成立当初より語られてきた土木の志を、われわれの将来ビジョンとして改めて世の中に発信したい。

私達の掲げる土木の将来ビジョン

将来世代に安心安全で
豊かな国土・くらしを
継承するために

国民との信頼関係のもと、
土木が中心となって
異分野との技術融合を進め、
常に時代が必要とする
サービスを提供する。

writer 伊藤 昌明 [株式会社オリエンタルコンサルタンツ]

コンサルタントが“天職”

小さい頃の夢は学校の先生。

人に教えることが好きだった。コンサルタントは“相談役”。

クライアントの悩みを聞き、解決に導く指南役。つまり、コンサルタントは、相手に対して自らの提案を提供する立場にある。今思えば、小さい頃からの夢が叶っている職業なんだなぁ。

05.

土木の
未来へ

ビジョン達成の3つのカギ

土木の原点

あらゆる生物は、自然環境の恵みの中で生活している。人類も生命を維持するためには、水や食料が必要である。自然環境は、時として人類に厳しく、干ばつや天候不順が起これば、水や食料が入手困難になる。地震や洪水といった自然災害は、人々の生命を一瞬にして奪う。人類の生活環境は、自然と切り離すことができない。例えば、ダムがなければ、水不足や洪水のリスクにおびえながら生活しなければならないであろう。道路や橋のおかげで人々は遠く離れた自然の恵みの恩恵を受けることができるようになった。

土木の「土」と「木」は、自然の原初的物質である。土木は、まさに自然に手を加えることにより、安心感、便利さや快適さを手に入れるという営みに関連している。このような行為は、人類だけではない。鳥が木の枝を集めて巣を作るのも目的は同じである。人類の知能は高度に発達しており、自然の中で豊かに暮らす知恵として、今日まで土木技術が発展してきた。

土木工学を英語では、シビル・エンジニアリング(civil engineering)と言う。civilとはもともと軍事目的でないことを意味したが、現代においては都市に住む住民を意味する。都市空間では、自然に対して高度に手を加えられ、そこに住む市民の生活を豊かにする。土木とは、人類が高度な知能を有したことによる最も原初的な人間的営みであると言えよう。

一方、最近の「土木」のイメージは、公共工事を巡る談合や収賄の事件が明るみになる度に、そのネガティブなイメージが固定化されてきたように思われる。土木に対するネガティブなイメージが先行すれば、真に必要な土木事業でさえも、人々が事業に反対し、実施されないかもしれない。

そうした現状を回避し、人々の生活に豊かさをもたらす土木の営みが健全に行われるためには、以下のような3つのカギが重要になるであろう。

どうやって暮らしていけば
いいんだろう…

自然に手を加えることで
安心感、便利さや快適さを
手に入れるという営み
＝ 土木

カギ❶ 国民との協働

風土に対する配慮

先人は、その土地での生活を豊かにするために、自然と関わり合いながら土木の営みを続けてきた結果、風土と呼ばれるものを作り上げてきた。その土地の風土は、見事なまでに多種多様である。

人々がどのような生活が豊かであり快適であると思うかは、その土地の人々がどのような自然と関わり合いながら生きてきたかによるであろう。したがって、その土地のたたずまいには、そこに住む人々、先人たちが大事に守ってきた価値観が映し出される。

土木技術者の仕事の一つは、その土地での暮らしを豊かにするため、どのように自然に手を加えればよいのかというアイデアを、「形」として人々の生活に落とし込むことである。一方で、その土地をどのような場所にしたいのかは、本来そこに住む人々が真剣に考えるべきことであり、決して他人任せにはできない。先人が苦労して築き上げてきた土地をより良くするためにはどうすべきか選択するのは、その土地の人々であるべきである。土木は、このような土木の営みのあるべき姿を理解し、その土地に住む人々と協働し共に考えることによって、その土地にあった暮らしを提供する使命がある。これからの土木に求められることは、工学的知識を駆使する専門家であると共に、その土地の自然条件や歴史性、その土地に住む人々に対して深慮すること、つまりは、地域住民・国民と協働することを意識しなれければならない。土木の将来のために必要な1つ目のカギは、『国民との協働』である。

カギ❷ 新しい領域の開拓

人々の豊かさを柔軟な発想で考える

わが国の社会資本整備は、戦後の高度経済成長時代に急速に進められた。当時は、絶対的にインフラ施設全般が不足していたため、とにかく必要な機能を満たすだけのために社会資本施設が建設された。そこには、どれだけ効率的に膨大な社会資本施設を建設するかが重要であった。その結果、社会資本整備は、求められた機能を満たすモノを造ることが目的化してしまった。もちろん、わが国の建設産業は、明石海峡大橋や関西国際空港などに代表される世界でも有数のメガプロジェクトを成功させ、モノ造りのための最先端の技術を生み出してきたことは事実である。しかし、いわゆるメガプロジェクトの余地が少なくなった現在、造り方に関するイノベーションのニーズは以前ほど高くない。

土木の本来の目的は、そこに住む人々の生活を豊かにすることである。今こそ、機能偏重のモノ造りというビジネスモデルを捨てて、その土地の風土、生活様式に見合った豊かさの追求を考える発想に転換するべき時ではないだろうか？これからの土木に求められることは、どう効率的にモノを造るかというだけではなく、より柔軟な発想を持って、それぞれの地域が求めるサービスを提供していくことである。より柔軟な発想で考えるためには、今までの土木の専門分野にとらわれてはいけない。周囲の分野と積極的にかかわり、技術融合し、イノベーションを生み出すことで、今までは提供できなかった新たなサービス・暮らしの基盤を提供することが可能になるはずである。土木の将来のために必要な2つ目のカギは、『新しい領域の開拓』である。

カギ❸ 魅力の共有
脱ネガティブ・イメージ

わが国においては、土木に携わって働きたいと思う若い人が少ないように思う。その要因として、労働条件や労働環境が厳しい、談合や収賄といった悪いイメージがある、といった発想は否定しがたい。しかし、建設産業が花形であった時代もあった。また、現在でも、土木業界の多くの技術者が誇りを持って働いているのも事実である。ちなみに、イギリスでは、土木技術者の社会的地位はわが国に比べはるかに高い。イギリス土木学会の初代会長である橋梁技術者のトーマス・テルフォードは、ロンドンにあるウェストミンスター寺院に埋葬されており、かの有名なウィンストン・チャーチルなどイギリスの歴史を彩る偉人とともに眠っている。

土木の本来の目的は、人々の生活に豊かさをもたらすことである。このミッションを達成するためには、すでに述べてきたように、非常に多岐にわたる事柄に対して配慮が求められる。土木技術者の存在は、そこに住む人々の豊かな暮らしを真剣に考え、自然との関わり方を考えなければならない。

そして、土木技術者は自然に手を加える際、そこに住む人々たちに対して、真に豊かな暮らしとは何かを共に考え、時には示唆しなければならない。このように本来の土木の営みを実践することで、土木技術者は必然的に尊敬の対象として見

ビジョン達成の3つのカギ

国民との協働

これからの土木には、工学的知識を駆使する専門家であるとともに、その土地の自然条件や歴史性、その土地に住む人々に対して深慮すること、つまりは地域住民・国民と協働することを意識することが求められる。

新しい領域の開拓

これからの土木には、どう効率的にモノを造るかというだけではなく、周囲の分野と積極的にかかわり、技術融合し、イノベーションを生み出すことで、今までは提供できなかった新たなサービス・暮らしの基盤を提供していくことが求められる。

魅力の共有

これからの土木には、地域住民・国民の生活を支える土木という営み・事業の魅力が自然と感じられる仕組み、暮らしの中で魅力が共有できる仕組みを構築することが求められる。

られるようになる。また、尊敬の対象でなければ、多くの人々の意見を取りまとめ、土木事業を遂行することができない。つまり、土木事業の遂行は、土木技術者に対する尊敬と信頼があって、初めて成立すると言っても過言ではない。

現在の日本において、土木は、ただ紋切り型のモノ造りに陥ってしまっている。土木事業に対する尊敬と信頼の念はそこにはない。これからの土木技術者は、土木の営みの原点に立ち戻り、人々の真の豊かな生活、生き方、自然との付き合い方を真剣に考える職能を身につけなければならない。この土木の真摯な姿勢を正しく伝えていくことで、真の意味でネガティブなイメージを払拭し、尊敬と信頼を取り戻すことが可能となる。ただ、一方的に土木から情報発信しても受信する側の目が向いていなければ伝わらない。土木の営みが望ましい形で行われるためには、市民がその重要性と魅力を自然に感じられなければならない。自然と目が向くようにするには、やはり魅力的でないといけない。

これからの土木に求められるのは、土木という営み・事業の魅力が自然と感じられる仕組み、暮らしの中で魅力が共有できる仕組みである。土木の将来のために必要な3つ目のカギは、『魅力の共有』である。

writer 大西 正光［京都大学大学院］

自転車での放浪の旅が、土木好きにつながった

学生時代、趣味で時間があれば自転車に乗って、日本全国あちこち放浪した。旅の醍醐味は、どこに行っても、その地域独特の何かを発見することにある。新しい発見は、常に驚きと感動をもたらしてくれる。特に、自転車での旅では、自動車とは違って、その土地の空気、自然、人々に触れることができる。自転車での旅を通じて、なかなか言葉にはし難い、その土地特有の何かを肌で感じる喜びを知った。建造物、食べ物、人柄に触れれば、その土地の誇り、工夫、生き様が映し出され、愛おしく思えてくるのである。まさに土木を教えてくれた自転車の旅だった。

06.

どぼく、
再発見

魅力の共有を目指して

土木は「暮らし」の一部

みなさんの住んでいる街には、象徴的な土木構造物があるだろうか？大きな川に架かる吊り橋、広範囲の水源地となる大規模なダム、海底や山岳地域を通るトンネル等が挙げられるはずだ。

「私の住む街には、そんな土木構造物は無い。」と思った人もいるかもしれない。では、あなたの「身近にある土木」はどうだろうか？家の前の道路、川から水を引く水路、川の氾濫を防ぐ堤防、これらも全て、土木構造物なのだ。つまり土木とはわれわれの暮らしを支える一部なのである。

存在が「当たり前」すぎた？

「身近にある土木」について、あまり意識したことがないというのは、ある意味当然である。なぜならば、土木というのは、生活に馴染む、暮らしに溶け込む「縁の下の力持ち」だからだ。

昔から、「派手な建築＆地味な土木」、「建築は主張、土木は謙虚」というイメージがある。「学校までの通学路に、いくつの土木構造物があるか？」と質問されて完璧に答えられる人が何人いるだろうか？空気や水のように、存在そのものが当たり前であり、それ故に、人々の暮らしの必需品（無くては困るもの）であるにもかかわらず、その重要性に気づかないという状況なのである。

「当たり前」という魅力

しかし！だ。果たして、身近な土木は、謙虚で控えめであり、人々の興味や魅力の対象から程遠い存在なのだろうか？

いや、そうではない。当たり前の存在であり、自分が生まれ育った街で自分たちの暮らしを何気なく支えている土木構造物こそが、魅力の塊なのだ。今まで、あまり意識しなかった「当たり前」にフォーカスして改めて考えてみると、なるほど、「私が生まれるずっと前からここにあったのか」「よく見ると、造りが複雑だな」というような観点がいくつも浮かび上がってくるはずだ。

当たり前は「好き」に繋がる

話を少し変えてみよう。「子供が将来なりたい職業」でいつの時代も上位にくるのが「プロ野球選手」だ。プロ野球が好きという人は、「カーブの投げ方が好き」、「バッティングの感触が好き」、「1アウト、ランナー3塁の時の監督の采配がたまらない」といった技術論を語る玄人ばかりではない。

「ルールはよく分からないけど、見ていて楽しい」、「幼い時から晩御飯時は、家族みんなでナイター中継を見ていた」、「大好きな人が野球部だった」など、自分の生活の身近なところに、当たり前にあることで自然と好きになっているというパターンもきっと多いはずである。

「土木」にも同じことが当てはまるのではないか。学生時代に毎日通った道がある。よく遊んだ川辺に長い長い堤防がある。

を共有

技術力向上が頭うちに…

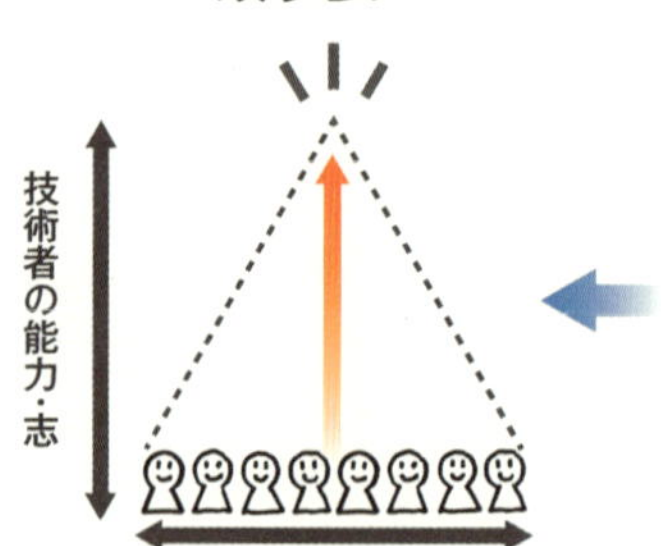

土木への関心はスポーツの様に高くはない

現状　土木への関心が低いため土木技術者を目指す人が少なく、技術者も減少している

る。それらの構造物が何故そこにあるのか、どのような役割を担っているのか、何で出来ているのかといった知識はなくても毎日接していた道や橋がずっと頭の中に残っているという人もいるはずだ。

　そう、野球だって土木だって、「身近にある」ことで、自分の暮らしや人生とともに存在し、なくては困るものとして大切にしている人たちは大勢いるのだ。その点に気づけば、暮らしの中心にある土木のことをもっと知りたいと考える人（特に若者）が増えてきてもおかしくない。

土木の魅力を共有しよう

　人は誰でも、興味を持ったものについて、深く掘り下げたり、発展させたりする。その延長線上にあるのが、「魅力」であり、「憧れ」である。その先を見つめて努力することは苦しいかもしれないが、しっかりと目的を見失わなければ、モチベーションも下がらない。これからの時代、土木に携わる人間は、このようなモチベーションを維持する能力を備えたキャラクターが必要である。

　土木に対し、全く興味を持たない若者がいたとしよう。そのような人達に対し、住んでいる街を象徴するような巨大な構造物だけでなく、生活の一部となっている身近な土木構造物の存在について、生活の中で自然と伝わるようにすれば、興味を持つようになるかもしれない。

　もしも、興味を持ったならば、今度は、自分自身で掘り下げてみようとするかもしれない。掘り下げたり、発展させたりするためには、同じような志を持った人間同士で、知識を共有し、時には時間を忘れて土木構造物のメカニズムに没頭し、仲

高い能力・志を持った
技術者が育つ

技術者の能力・志

憧れの的!!

技術者数の増加

土木技術者を
目指す人が増える

土木の魅力

イラスト：しもだあきこ（studio carmine）

未来　魅力を共有することで国民の関心が高まり、結果として技術者の数が増える

間と競争しながら、ますます知識と経験を得ることで、大きく成長するはずだ。

　土木の世界は、実に奥が深い。一般的にスケールの大きなモノづくりの印象は強いが、その一つ一つは小さな技術や理論の塊である。今までの経験則に基づいて計画・設計・施工・管理とされているが、裏を返せば、この経験則の枠にとらわれないポイントに目を向けることができれば、全く新しい発想や技術で新たな土木の世界を切り開く可能性も十分にあるのだ。

　この「経験則」という伝統と、「新たな発想」という可能性の両方のバランスの取れた技術者を数多く育てていくことが大事である。そのためには、今まであまり土木に興味を持たなかった人に土木の魅力を知ってもらい、理解してもらい、そして、その中から次世代の優秀な技術者を育てていくという構図を作り上げたいのである。

未来の土木の応援団を作る

　こうした思いから、土木業界は、今まで以上に、土木というものを様々な角度、様々な形で国民に伝え、知ってもらうことを目指したい。国民に知ってもらうことからスタートし、積極的に関わってもらい、国民目線で土木の魅力を共有したい。

　皆さんにも、まず、自分の周りにある身近な土木構造物を眺めてもらい、そこに秘められている思いや将来性を想像してみていただきたい。何かが見えてきたら、それが素敵な「土木の応援団」の第一歩である！

応援団は、「伝わる」「育てる」ことで成長

さて、これまで土木の魅力を共有し、「土木の応援団」をたくさん作り、その中から次世代の技術者を育てたいという話を概念的に進めてきたが、もう少し考えてみよう。ここでは2つの観点で整理してみたい。

1つ目は、各人が自分から積極的に情報を探しに行かずとも、自然に土木の魅力が飛び込んでくるような環境づくり、いわゆる自然に「伝わる」こと。2つ目は、伝わった情報を自分の知識やエネルギーに変え、自分から周りに発信していくような技術者を数多く「育てる」ことである。

自然な形で「土木が伝わる」

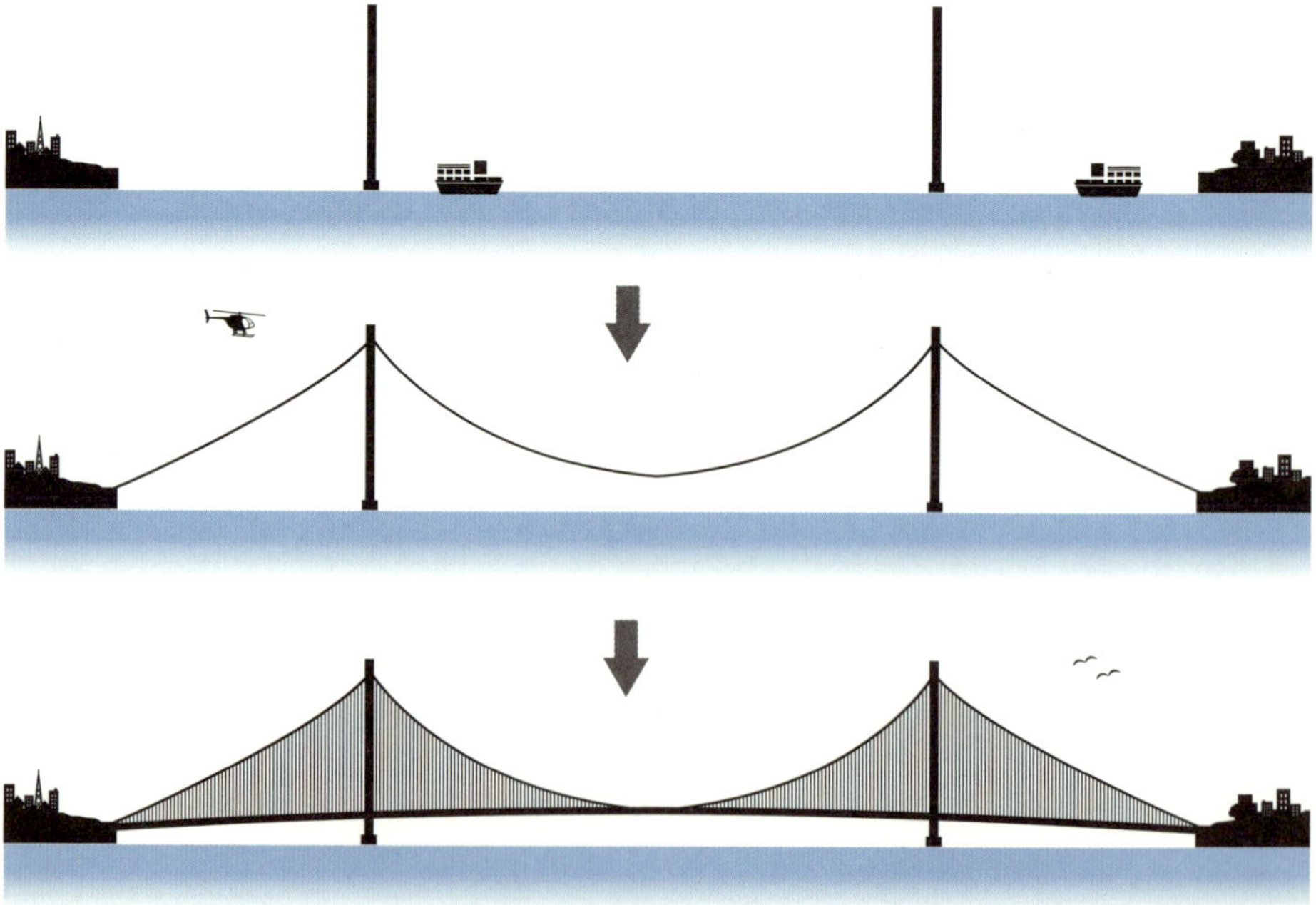

**土木構造物が完成していく様子は
自然と目にとまり、
それは関心へと繋がる。**

見て！
この前より大きくなってる

早くあそこを
通ってみたいな

町の
シンボルになるね

記念に
撮影しておこう♪

みなさんは、土木の現場をご存知だろうか？いわゆる「工事現場」であるが、泥まみれになった作業員が暑い日も寒い日も汗を流しているというイメージはあっても、そこで実際に何が行われているか、よく知らないのではないだろうか？実際、現場は、安全面や環境面も考慮して、敷地の境界には目隠しを兼ねたフェンスで覆われており、外から見ても中を窺い知れない。実は工事現場は、整理整頓がされた統一感のある場所であったり、最先端の建設機械が動いていたりする。もしも、このような現場を近隣住民や地域の子供達に紹介できるような配慮があればどうだろうか？安全性さえ担保された状況であれば、日々、見学者が増え、土木への理解が進み、土木の魅力を広めることができるのかもしれない。

また、土木構造物は、短期間で完成するものではない。「土木は一日にしてならず」と昔の偉人が言ったかどうかは定かではないが、1年や2年、長いもので数十年の年月をかけて完成へと進んでいくプロジェクトである。そうした完成までのプロセスと自分の人生を重ね合わせて時間の流れを感じた人もいたのではないだろうか？誕生、入学、卒業、結婚等、人生のイベントを迎えた日の建設状況を見て、数年後の完成時の自分を想い巡らせたかもしれない。

このように土木構造物ができあがるまでの過程を国民のくらしの中に、自然に落とし込むことができれば、土木をより身近なものとして捉えてもらえるはずだ。

未来の「土木技術者」を育てよう

みなさんが過去・現在において頑張ったクラブ活動は、どのようなものだっただろうか？大会の優勝を目指した運動部、繊細な技術を磨きあげた文化部等、様々な熱い思い出がある人はたくさんいるだろう。そのクラブ活動に没頭していた時のモチベーションとは、果たして何だったか？

憧れの先輩や同い年のライバルに追い付き・追い越すことを一つの目標にしたのではないか？負けたくないと思う気持ちが、自分の技術や能力の研鑽を後押しし、夜遅くまで汗を流したのだろう。目標となる人の技術を盗み、自分の力として習得した人は、それなりの優秀な成績を修めたはずである。そして、精一杯の努力による充実感を存分に味わったのではないだろうか？

仕事の世界、とりわけ、土木の世界で

も、同じである。土木業界には、非常に多くの人が従事しているが、プロジェクトを進めるメンバーみんなが同じ目標に向かって努力しなければならない。その結果が土木構造物という形で実を結び、大きな達成感を全員で共有することができるのだ。

近年、土木に携わる人間の離職率が高止まりする状況が続いている。この世界で働くわれわれにとっては、悲しい話である。その理由は様々であろうが、仕事をする上での目標を見失い、ただただキツイ仕事を何となくこなしている人がいることが大きな理由の一つであることは否定できない。

ここで改めて、学生時代に汗を流したクラブ活動を思い出してみると、なるほど、そこには、大きな「目標」があった。前述している内容の繰り返しになるが、優

れた技術を持つ先輩やライバルといつか同じレベルになり、優秀な成績を修めるという目標があったはずだ。これを土木にも当てはめることで、携わる人間のモチベーションを再度奮い立たせることはできないだろうか?

土木に携わる人たちの職種は様々である。計画や設計・研究を行う人。どんな複雑な構造物も現場で決められたとおりに的確に形にしていく人。さらに、構造物を組織づくる鉄筋や型枠等に関わる職人。その全ての人がそれぞれの職種のスペシャリストを目指し、日々努力する必要がある。また、そのスペシャリストに与えられるものが、「業界内の狭い世界だけで評価される名誉」ではなく、広く一般の人達にも理解&評価される制度として確立されれば、土木業界に携わる人達の優秀さが伝わるのではなかろうか。

土木学会 全国大会 橋梁模型コンテスト

支給された材料を用いて世界に1つの橋梁模型を製作する。模型の規格・デザイン性・技術性等で評価され、過酷な載荷試験に耐えた模型が栄冠を掴む。

写真:大会の様子

現在、国土交通省が提唱している「基幹技能者制度」や中央職業能力開発協会が行っている「技能五輪」など、技術者の技能、能力を評価する制度は存在する。しかし、この中身を知っている国民はどれくらいいるのだろうか？残念ながら、決して多くはないはずだ。

これらの既存制度をうまく活用し、更に、これらを広報する仕組みづくりにも力を入れ、一般の人達にも広く知ってもらう体制を整えることができれば、どうであろうか？技術者の能力と実績（構造物）の両方を合わせ、「あの構造物を造った人は、こんな技能を持っていたのか」というのを伝えることができれば、技術力の結集こそが巨大な土木構造物を支えているということを十分理解してもらうことができるのではないか？そして、こうした仕組みが整うことにより、「素敵だ」「かっこいい」という感覚が芽生え、自分もそのようになりたいというモチベーションが生まれるのではないか？

そして、この感覚を多くの土木技術者が持つことにより、切磋琢磨され、更に優秀な技術者が育つのである。

「魅力の共有」の行末

土木に対する魅力を、国民とともに共有する、いわゆる「土木の応援団」を作るということは、過去、「税金の無駄遣い」「土木業界は３Ｋ」と揶揄された時代に大きかった国民とのギャップを確実に埋めることになる。更に、必要な土木構造物の建設に繋がり、完成後も、生活・暮らしの一部として大きな付加価値を国民に与えることが可能となるはずである。ここ近年の土木業界の課題の一つに「入職率が低く、離職率が高い」という状況がある。我々、土木に携わる人間からすると、非常に悩ましい課題で、将来を見据えると、早期に解決させるべきものであるのだが、これは、国民との「魅力の共有」が解決の糸口となるのは言うまでもない。土木業界の重要性を国民から後押ししてもらい、その後押しに応えるために、高い志を維持した技術者が育ち、思う存分知識と経験を活かす業界になるはずである。魅力を伝え、人材が育つ結果、将来は、子どもたちが就職したい職業ランキングの上位に位置し、「将来は、プロ野球選手か土木技術者！」と考える子どもたちが数多く出てくるかもしれない。そういった社会・環境づくりを目指して、日々努力していかなければならない。これが、これからの土木業界を支えていく全ての技術者の大きな使命なのである。

そう考えると、どうだろう？今まで以上に土木を好きになり、何だか、心地よいプレッシャーを感じながらもしっかり将来を見据えて進んでいけるのではないか？

「土木の応援団」はこれからも続く

高い志を持つ土木技術者が増え、皆さんの暮らしを今まで以上に豊かにしていくためには、皆さん一人ひとりが「土木の応援団」として、厳しく・積極的に関わっていただくことを期待したい。土木に携わる人間が、様々な方法で、土木の魅力を伝えていく。それを極力自然な形で受け入れて、私達の住んでいる街のインフラは、私達が見守っていくという姿勢を抱いてもらえるならば、将来も「素敵なまち」「素敵な暮らし」が待っているはずである。

そんな土木の世界を、みんなでつくろう。

施工業者に教わりながら鉄筋や単管パイプの組み立て体験をする地元小学生たち

writer 郷田 智章［株式会社 長大］

「伝える」ことと「共有する」ことが大切

幼いころ読んだ絵本で、森の動物たちが力を合わせ橋を造るという話がある。最初は、「自分のために造る」という考えだったのだが、完成すると多くの動物達に「愛され」、「感謝され」、無くてはならないものになった。大人になり土木の世界に携わる今、このストーリーの重要性を感じている。
ある事業で、沿道住民と毎晩話をした。怒号が飛び交い、正座させられることもあったが、次第に理解し合えるようになった。この時「伝える」ことと「共有する」ことが大切なのだと強く思った。インフラ整備はどれも人の暮らしを豊かにするものである。こういう形の社会貢献に、これからも多くの仲間達と関わり続けていきたい。

なにも物語らない。

誰か
いるのかな…?

07.

土木の
現場

過程の見えない現場

建設現場は、みなさんからすると日常生活では立入ることのない見えない空間に近いかもしれない。パネルの向こう側でいったいどんな作業が行われているのか?どの程度進んでいるのだろう?完成までの「過程」が見える現場は少ないのが現状である。

それ故に「あれ?こんなところに道ができている」、「こんな建物が出来たのか」と、完成して初めて分かるものが多いのではないだろうか。だが、実際はみなさんに見えないところにこそ土木技術の本当の凄さ、携わった多くの人の思いがある。

パネルで遮られた現場は、
変な音がするなぁ
何つくってるんだろう?
いつ完成するのかな

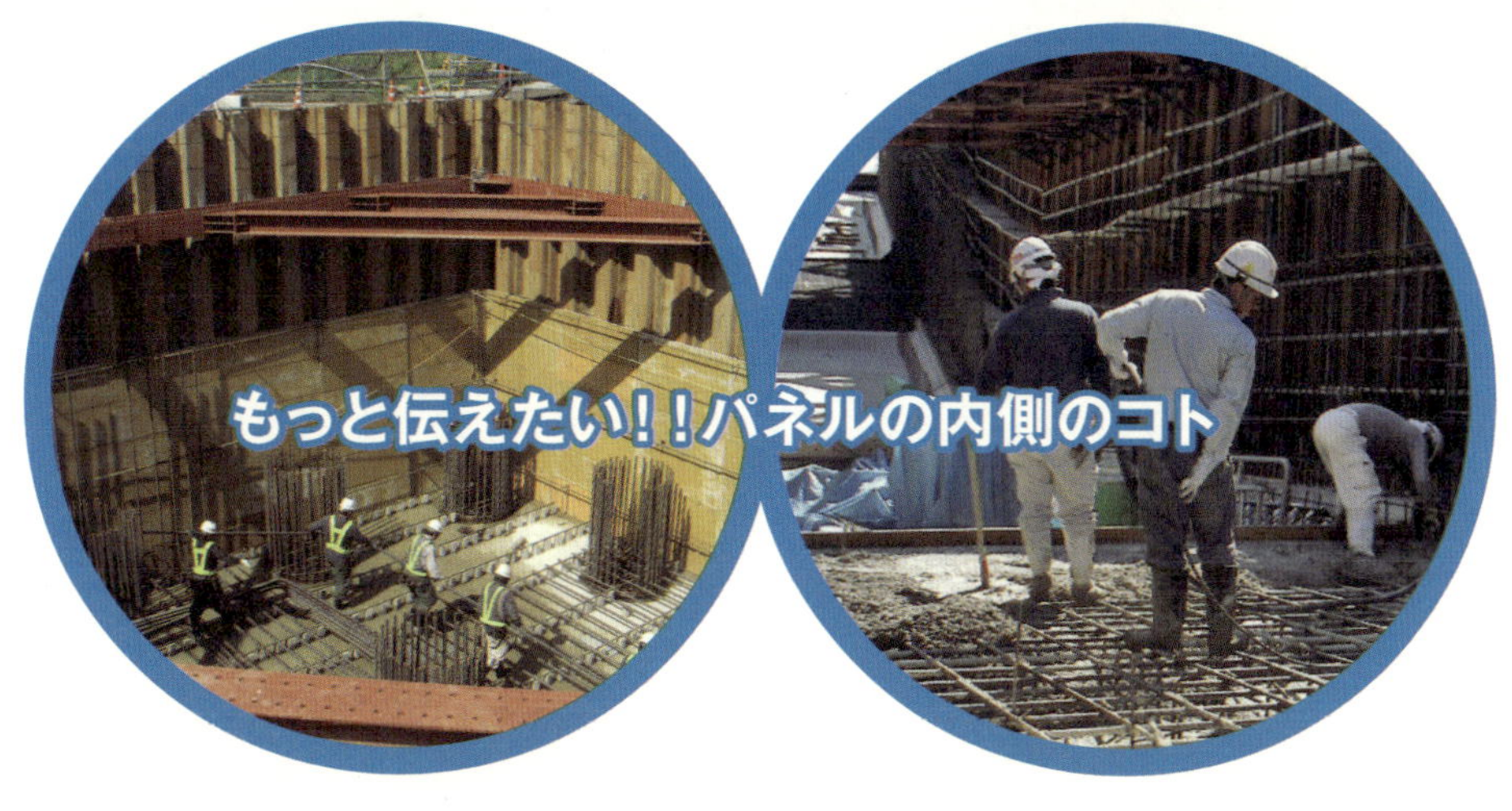
もっと伝えたい!!パネルの内側のコト

工事の過程にも、土木の魅力が沢山詰まっているのだ。

見せない理由

なぜパネルが必要なのか？一番は安全のためである。粉塵、防音などの目的で、特に人通りの多い都市部などでは建設現場をパネルで覆うことが多い。

しかし、その外側から見ている立場からすると、何か悪いものが見えないように隠しているのでは？と勘ぐる人がいるかもしれない。更には、談合や耐震偽装といった問題とも合わさって不信感を抱くきっかけを与えてしまっているのも事実である。

このように、人々を安全を守るせっかくのパネルも「見せない＝怪しい」として土木の悪いイメージを作り上げる一因になっている。

土木のイメージアップ

一方で、建設工事には良いイメージを持たれているものも少なくない。

建設中にもかかわらず、その姿を一目見ようと多くの観光客が訪れる現場もある。こうした建設現場では、つい立ち止まって見入ってしまう。完成はしていないが、「今しか見られない」光景だからと、工事の過程を見に現場まで足を運ぶ。そんな「魅せる建設現場」を増やせれば、もっと多くの人に土木の本当の姿を知ってもらうきっかけになり、土木のイメージアップにも繋がるのではないだろうか。

現在、土木業界では土木の負のイメージを払拭すべく様々な取り組みがなされている。ここでは、今まさに取り組まれているもの、これから実現が期待されているものについて紹介する。

◎実現に期待！

パネルのスケルトン化[※1]

まずは、「パネルのスケルトン化」に期待したい。

パネルで覆われた建設現場は、通行人や近隣の住民になにやら怪しいイメージを与えている。しかし、そのパネルをスケルトン化することができれば、現場で何を造っているのか、どんな仕事をしているのかが一目瞭然である。

そして、毎日、近隣住民や通行人が建設現場の前を通るたびに、現場の様子が目に入ることになる。つまり、日常の生活の中に自然と、土木のものづくりの過程が

※1 スケルトン化
透明化(和製英語)

溶け込んでいくことになる。そうなれば、より土木を身近に感じ、さらには土木の魅力も感じることができるのではないだろうか。

◎実現に期待！
土木のブランディング※2

土木の3Kと言えば、「きつい、汚い、危険」といったイメージを多く持たれる。このようなマイナスイメージから脱却し、カッコいいイメージへブランディングすることが必要である。

ブランディングの例として、農業分野の「ヤンマー株式会社」では、2014年4月に、機能性と、ファッション性を兼ね備えた「高機能ウエア」の販売を開始した。若者の農業離れが深刻化する中、3Kのイメージを払拭する取り組みとしても注目されている。

同じように土木分野でもブランディングが、土木技術者のイメージアップに繋がるのではないだろうか。

こうした土木のブランディングの一つのアイディアとして、「土木作業着のデザイン・色の統一」というのはどうだろうか。この目的は、国民のくらしと命を守るという土木技術者の使命を土木技術者同士が共有することだ。そして、自らの仕事に誇りとやりがいを持って働くことだ。

草の根的にどこかの現場で実践してみるのも手ではないだろうか。そうした小さな行動が大きな成果を生み出すことになるかもしれない。

◎実践中！
見学ツアー

建設現場の見学ツアーは、普段「立ち入り禁止」の建設現場に入って作業風景を間近で見ることができる企画だ。その場の空気を肌で感じることが見学の醍醐味でもある。また、イベントとして建設重機に乗ってみたり、実際に触ってみたり、見るだけでなく体験できることで、土木に対して興味をもってもらうような工夫もなされている。

これまでの見学ツアーでは主に子供を対象にしたものが多い。しかし、その子供に影響を与える親が土木に対して否定的である場合（勉強しないと、あんな風になっちゃうよ。……等）、その理解に対する効果が薄くなってしまう。これからは「親子」で共に土木に対する理解を深めることが必要となってくる。

親子で土木を正しく理解してもらうことで、子供にとっては土木を進学、就職先

※2 ブランディング
共感や信頼などの形成によってブランドの価値を高めていくこと

の一つの候補として考えるきっかけになり、親にとっては、その事業の必要性や、作業の過程・進捗を知ることで工事に対する理解が深まり、土木に対する印象も変わるのではないだろうか。

◎実践中！（建設）現場での課外授業

建設中の現場を課外授業の一環として取り入れてもらう取り組みである。

見学ツアーと異なるのが、一度だけでなくその進捗を見てもらうよう定期的に実施する点だ。例えば「美術」の授業として、工事の経過を絵で描いてみたり、「社会」の授業として、工事そのものの経過を子供の目線で観察してみたり、現場が変化する面白さを違った角度から伝えられるかもしれない。

建設現場を見学

建設現場内で地元小学生に
工事の説明をする監督職員と
熱心に説明を聞く地元小学生たち。

さらには、「今日学校でこんな授業があって…」と子供自身の口から話をすることで、親にとっても土木の魅力を知るきっかけになるのではないだろうか。

◎実践中！エンターテイメント

土木を「楽しむ」ものとして目を向けてもらう取り組みもある。例えば「土木＋遊園地」であれば、普段触ることのできない建設機械に、実際に乗ったり動かしてみたり。「土木＋万博」で、近未来の技術を体感してみる、「土木＋音楽」で建設現場という非現実的な空間をステージとして活用してもらう、など考え出すと様々なアイディア、可能性が浮かび上がる。

土木をエンターテイメントとして暮らしの中に共有することで、「楽しく」「魅力

重機の写生会

キリンクレーン写生会の様子。2004年日経コンストラクション主催"第一回土木の広報大賞"優秀賞に選ばれた。

的」な業界として目を向けてもらえるのではないだろうか。

そして子供たちに「大きくなったら土木技術者になりたい」と言ってもらえるきっかけとなるよう、土木の挑戦は続く。

writer **菊田 尋子**［株式会社開発設計コンサルタント］

見えないからこそ、伝えていく

土木は「暮らしを陰で支える縁の下の力持ち」、だから決して表舞台には立たない。その土木のあり方も少しずつ変わり始めている。たとえ完成すると見えなくなってしまうものでも、その中にこそ土木の神髄があるのだ。だから、もっと多くの人に土木の可能性を、子供たちに夢を持ってもらいたい。「伝える技術」も土木技術者には必要なのだ。これからも人々の取り巻く環境に応じて、土木もどんどん変わり続け、新しいことに挑戦する。最初は突拍子のない意見かもしれない。けれど怖気づいてはいられない。言わなければ始まらないからだ。大きな変化を生み出すきっかけも、最初は小さな一言だったりするのだ。

重機の動物ペイント

この重機に見とれた小学二年生のA少年は
重機所有の会社を訪問し、
社長にちょっと早い就職活動をした。

08.

真に必要なモノを提供

オーダーメイドのまちづくり

国民との協働

受け身ではなく主体的な関わりを

皆さんは、土木構造物が暮らしに不可欠であるという認識をお持ちだろうか？改めて考えてみると、「確かに、あの道路がなかったら学校に行けない。」「あの堤防がなければ、台風が来た時に危険だ。」という考えを巡らせるはずだ。「もしも、○○が無かったら」のように、既にあるものが消えたらどうなるかという発想から考える方が多いのではないか？そう、みなさんの周りにあるインフラは存在自体が当たり前になっているのだ。よって、「生活に不可欠」という認識を強く持てないのも無理は無い。

それでは、何もないところで、本当に必要なモノを造る場合、どのような手順で進めていくか。これはなかなかの難題である。そもそも「本当に必要なモノ」の定義は何か？対象となる住民みんなが満足するモノとは？お金はどうやって調達するのか？課題は山積みだろう。

現在は、あらゆるインフラが数多く存在する。個々のインフラが必要かどうかの判断は、先人が見極めて行ってきただろう。我々は、好むと好まざるとにかかわらずその恩恵を無条件で利用している立場である。しかし、本当にそれで良いのだろうか？インフラの必要性や付加価値というのは、「社会情勢」や安全・安心な国土形成といった「政策」等で導き出される。同時に、利用する人たちの『思い』があって初めて成立するものではなかろうか。それがなければ、巨額の費用を投入して整備しても、無用の長物としかならないのではないだろうか。利用者の『思い』が組み込まれていないインフラでは「真に必要なモノ」とはならないのではないだろうか。

この「真に必要なモノ造り」のため、主体的な関わりを求められている地域・地方が今、増えてきている。少子高齢化・インフラ老朽化等の社会的背景の下、自分たちのまちは、自分たちの手でつくるという思想が重要となってきている。

地方部と都市部で違う真に必要なモノ

そもそも、インフラ整備は、そこに住む人々の生命を守り、生活の豊かさを獲得するために不可欠であるのは言うまでもない。日本でも、高度経済成長時代の急速なインフラ整備において、劇的に人々の生活を豊かにしてきた。

一方で、戦後間もない頃から、人々の生活・経済活動の中心は、地方から都市へと移ってきた。地方の過疎化という問題が指摘されてから久しい。しかし、その問題は、ますます深刻化している。日本の地方では、次第に活気が失われつつある。それは、高度経済成長時代に、至るところで画一的なインフラ整備が行われてきたという事実によるところも少なくない。機能重視の画一的なインフラ施設によって、その地域固有の自然景観や風土との調和が損なわれ、地域の個性が失われた。個性を失った地域では、都市間競争において強みを発揮できないのも当然である。

このような、負の連鎖を脱出することは容易ではない。地域の活力を復活させるための簡単な処方箋は存在しない。結局は、その土地に住む、あるいは住みたいと思う人々が集い、その土地の特色を活かし、如何に価値ある場所へ変えていけるかにかかっている。

オーダーメイドのまち

皆さんは、『オーダーメイド』と聞いて、何を連想するか？洋服や靴など身に付けるものや、机や椅子という暮らしの必需品が挙げられる。どれも、個人やグループの個性や特徴を反映し、「使いやすい」「心地良い」という部分を追求するために『オーダーメイド』されている。

インフラ整備を始めとする「まちづくり」においても、同様である。その地域の歴史や文化、習慣や価値観といった考えに加え、その地域ならではの地域特性を考慮し、地域住民と協働して計画・設計・施工を進めていくことが重要だ。

これは、日本だけではなく、海外でも当然同じである。古くから日本企業が海外に進出し、多くのインフラ整備を行っているが、現地の人々の文化や習慣、価値観といったものを予め把握し、また、現地特有のローカルルールを踏み外すこと無く進めていく。このように各地域の特徴を吸収・理解することに多くの技術者が真剣に取り組んでいる。そして、現地の人々のニーズを十分に汲み取り、現地の人の力を最大限活用することで、真に必要なモノを造る。オーダーメイドのまちづくりは、地域との「協働」で成り立ち、そして、誰もが主体的に関わるという重要な要素が不可欠なのである。

住民と協働したまちづくり

前述したような考えのもと、最近では、行政が地域の人々との対話を通じて、インフラや整備の政策に関して、合意形成を試みようとする取り組みが普及しつつある。ここでは、「国民がインフラ整備・維持管理のエンドユーザーである」という認識を再確認したい。その上で、真に地域の魅力を向上させるようなまちづくりのあり方を考えてみたい。

その土地の行く末は、その土地に住む、あるいは住みたいと思う人々しか、最終的には責任を負えない。住民がインフラに責任を持って取り組む仕組みが重要である。インフラは、そもそも住民の福祉に資するものである、という原点に立ち返り、住民がインフラ整備管理に責任ある立場で関与する体制に転換することが望まれる。

以下に、住民と協働したまちづくりを後押しするアイデアや先進的な実例について、いくつか挙げてみよう。

①まちづくり協議会の設置

住民に自らがまちづくりの主体であるという認識を持ってもらい、実際にまちづくりの意思決定プロセスに参加してもらうには、「地域主導型まちづくり協議会」(まち協)を設置することが有効となる。『まち協』は、選ばれた住民が委員となり、まちづくりの方向性や公共事業の実施内容について検討を行う。また、インフラ施設の維持管理に関する方針の意思決定あるいは実際に管理の一部を実施する管理代行も行う。このように、自らがまちづくり、まちの運営に大きく関与するものである。

②まちづくり総合マネジメントの推進

近年、インターネットなどを通じて、住民の意見を幅広く募集したり、討論することもできる。さらに、住民からインフラ劣化や防災情報などを収集し、情報サイト上で共有できる。これらの仕組みを「まちづくり総合マネジメントサービス」として、運営する方法が考えられる。従来のやり方では、行政がインフラの管理運営を担っている。行政は、1つのまちづくり

地域の人々との対話を通じて行う『まちづくり』。

協働の底力組による活動　静岡県

静岡県では「いっしょに、未来の地域づくり」を進めていくため、地元住民との協働の普及啓発に取り組んでいる。その一環として、ＮＰＯや市民活動団体、学生、行政職員などで「協働の底力組」を構成し、県下に協働による地域づくりの"わ"を広げるために、意見交換と交流を行う「協働の現地見学ツアーくるまざ会」や「地域づくり発表会」を開催し、幅広い年代の住民たちが意欲的に参加している。

の事業において、道路工事をする業者、水道工事をする業者といったように、分割して発注を行う。また、設計業務と施工業務のそれぞれの専門業者に別々に発注することが多い。このとき、各業者が創意工夫をしようとしても、別の工事に影響が出てしまうという理由で、どうしても創意工夫の余地が限られてくる。結果的に、インフラに地域の特色が反映されにくくなる。

それを打破するために、例えば、地元建設企業が各種の専門企業(大手建設会社、コンサルタントを含む)とともに、地域のインフラ管理を一括して受託する、「異業種連携コンソーシアム」を形成して「まちづくりマネージメントサービス」を担当する。コンソーシアムは、各社の技術を盛り込んだサービスを地域住民に提案する。住民は、最も魅力的な提案を行ったコンソーシアムをパートナーとして選定し、長期かつ包括的な業務委託を行う。地域のインフラ全体をパッケージとするため、中央が管轄しているインフラも原則として地方に移管し、その管理に充てる財源も委譲する。

異業種連携コンソーシアムの例として、次のようなことが考えられる。

超高齢社会の到来により、限界集落などにおいては日常生活の確保が困難になりつつある。他方、住民からの情報発信が容易なスマートフォンやSNSなどは、昨今では身近なツールとなってきている。そこで、「渋滞情報」、「通行止め情報」、「気象情報」、「災害情報」、「医療情報」、「地域情報」などをIT会社・地元建設(コンサルタント)会社が一元管理を行い、それらの情報を住民に対して適宜提供する。

こうして、ハード面のインフラ整備だけでなく、ソフト面から生活を豊かにしたり、安全にすることができる。

特に孤立した高齢者世帯などに対して、民生委員の対応などといった、地域内サポートが過疎化により困難となった地域では、ITインフラでのサポート体制構築が必要となる。

自立型まちづくりを目指して

機能重視のインフラ整備では、効率よくインフラ施設を生み出すことに努力が注がれてきた。行政側は、インフラ施設の整備水準の目標を実現することが最大のミッションであった。したがって、すべての計画は行政側で決められ、住民側はこれを受け入れるのみであった。

しかし、近年では、地方財政の逼迫やイ

ンフラの老朽化、少子高齢化といった問題が喫緊の課題となる中で、それぞれの地域の行く末は自らが考えない限り、未来がないという時代になった。結局、その地域の未来は、そこに住む人たちが適切な支援の下で創りあげていくことが一番望ましい。

先にも述べたが、地方・地域の歴史や文化、習慣や価値観といった考えに加え、その地域ならではの地域特性を考慮することが重要である。そして、それを考え、形にしていくのは、その地域をこよなく愛し、将来にわたって住み続ける住民にかかっている。住民の意見を自由自在に吸い上げ、より良いインフラ整備を進めていくことが、これからの土木のあるべき姿である。

住民が、さまざまな技能、考えを持った人々とともにアイデアをぶつけ合い、主導的に関わっていくことで、新しい未来が拓けるのではないだろうか?

writer 山田 一宏 [清水建設株式会社]

子孫に何を残すか考えたい

我々は、子孫のためにモノを造る。モノ造りの当事者・責任者である。モノ造りに関わる中で、子孫のニーズは何か。モノを造れば、子孫にはその維持管理が求められる。モノを造れば、「便利で良くなった」だけでは済まされない。
われわれ人類は、地球上で子孫繁栄を目指すために、この地球に何を造り残していくか。改めて考える時期に来ている。まずは日本をどうするか。そして世界をどうするのか。日本が世界をリードして行く姿を夢見て、私も考えていきたい。

09. INTERVIEW まちづくりという仕事の流儀

土木技術者と言うと、
道路や橋といったモノを造る専門家を思い浮かべる人が多い。
しかし、土木技術者は、ただモノを造ればいいという訳ではない。
いくらモノを造っても、
そこに暮らす人々が少しでも幸せにならないと意味がないのである。
今回は、全国的にも有名になった黒川温泉のまちづくりなど
多くの成功例を生み出している
技術者の徳永哲さんに、
仕事の流儀について伺ってみた。

株式会社エスティ環境設計研究所
代表取締役 所長　徳永 哲

京都大学大学院
大西 正光

国民との協働

まちづくりの真の目的から問う

―徳永さんは、行政向けのコンサルタントを経営されていますが、具体的にはどのような内容の仕事をされているのでしょうか？

平たくいうと、まちづくりの仕事です。ただ「まちづくり」と言うと、ともすれば、道路や橋といったモノを造る仕事だと思われてしまいます。しかし、当たり前ですが、「まち」というのは人が暮らす場所なのです。ですから、まちづくりの本当の目的は、ただ単純にモノを造るのではなく、まちに暮らす人々が心地いいなと感じる環境をつくることです。人々が造られたモノから、何を想い感じるのかが大事なのです。そのような考えもあって、私の仕事を説明するときは、ただのまちづくりではなくて、「景観まちづくり」のように、あえて頭に一言付けることが多いです。

―確かに、その地域が良いと思うかどうかは、公共施設の有り様と大きく関係していますね。実際に、まちづくりの仕事は、どのようにして生まれてくるのでしょうか？

一般的には、「ここに景観に配慮した道路を造りたい」という行政側の要望があり、景観設計業務という形で、設計の仕事が発注されることから始まります。景観設計と言っても、多くの場合、道路の仕様は、従来のやり方の延長線上で決まることが多いです。でも、私の場合、それでは物足りなくて、地元の人は実際にどんな道路が欲しいのだろうかというところから考えてしまいます。

本来、設計という仕事は、そのモノを使う人が心地よく思うことが最終的な成果であるはずです。そうすると、その土地の風土や歴史を調べたり、地元の人たちと話し合ったりせざるを得なくなります。担当の方から、「どうしてそこまでやるのですか？」って聞かれるのですが、やっているうちに、地域の人々も喜んでくれて、結果的に、その行政の担当者の方にも喜んでもらえます。

―地域の人々の目線に立って設計すると、そこの人々からも喜ばれそうですが、費用や時間がかさみそうですね。会社の経営は大丈夫ですか？

事務所の規模がそれほど大きくないので、みんなフレキシブルに動けるのが強みです。追加的な経費はさほどかかっていませんが、若い技術者もやりがいを持って対応してくれるので、チームとして出来ています。

―率先してプラスアルファの仕事をやり

始めると、行政側もそれを期待し始めるのでは？

そんなことはないですよ。行政側も、依頼している以上のことはさせてはいけないと思ってもらっています。

うちも、プラスアルファと言っても、ワークショップをこじんまりやっている程度のことです。

地域は何に悩み何を考えているのかを知る

―徳永さんが手がけた事業には、これまで黒川温泉をはじめとする多くの成功例があります。仕事をする上で大切にされていることはありますか？

仕事自体は、行政からの委託業務なのですが、いったん、仕事の発注者と受注者という関係を離れて、「そもそもこの仕事で、何を達成したいのか」を一緒に考えるようにしています。その地域の人たちが何に困っているのか、どっちの方向に向かえば幸せになるだろうか、といったことに思いを巡らせます。

―でも、なかなか外部の人間がそこに住む人の悩みや考え方を知るのは簡単ではないですね。

九州をメインに仕事をしていますので、私自身、育ったところが福岡県南部の田舎ですから、九州の田舎の町や村の雰囲気は肌で感じて分かるところがあります。こういった感覚があるからできるのかもしれません。九州以外でも四国や沖縄で仕事はしたことがあります。そのときは、九州とは近いけどそうではない部分で、自分の感覚がどこまで許容されるだろうかということに、とても気を遣いました。やはり、その土地の歴史や文化を知らないと、そこに住む人々の価値観や考え方を知ることは不可能です。ですから、どこでも町史や村史がありますよね。地域の人たちとの対話に入る前に、そこからいろいろと読み解く努力は常にしています。

―なるほど、まずは自らの努力で理解しようとするわけですね。実際に、ワークショップを通じて、住民の方々と話し合

いをするときに、心がけていることはありますか？

ワークショップで参加される住民の方も、場所によっていろいろですので、こちらが一方的に進め方を決めるのではなくて、相手に合わせた話し合いのスタイルを考えるようにしています。例えば、参加者が七十歳以上の方ばかりであれば、ポストイットカードを使ったブレーンストーミングと言うのは難しいですね。あるいは、こちらが話していても、住民側が一方的に話し始めることもあります。そのようなときは、まず聞くことに徹します。なかなか前に進まないこともありますが（笑）。

―地域によって、デリケートな問題を抱えていることもあると思いますが、そのような場合はどう対応されるのですか？

そのような場合、首長さん（市町村長）の話しを直接聞いてから、という方法もあると思います。しかし、私の場合は首長さんと二人きりで話すことはないです。まずは、行政の担当の方とじっくり話をして、そこに住む方々の情報を集める。そして、中間的な立場で問題と向き合って答えを出すようにします。意外に首長さんがこうして欲しいという場面には遭遇しませんし、住民とちゃんと向き合って出した答えは、結果的に首長さんにも認めてもらえます。もちろん、首長さんと連携しながら進める方法もないとは言えませんが、住民との距離は遠くなってしまいます。

―まずはそこに住む人たちと向き合う努力が必要だということですね。

相手のことを知りたいと思う気持ち

―地域の人々との対話で決めていくのは、服のオーダーメイドのやり方と似ているような気がします。どういった点に気を遣われますか？

もし自分がお客さんであればと考えてみます。服のオーダーメイドの例で言えば、生地の質感を気にする人もいれば、裏生地のデザインを気にする人もいる。人が気にする点を探り注意しながら、これだったら受け入れてもらえるかなという落としどころを見つけます。難しいですが、コミュニケーションを重ねることで、この範囲でデザインしていれば、怒られることはないという自信が出てくる。

—徳永さんは、専門家の立場として、個人的にはこうすればもっと良いのになあと思うことはありませんか？

デザイナーとかプランナーという立場は、何かを創るという意図を持っています。そのような立場の人間がワークショップのファシリテーターをしても良いのかと考えることもある。しかし、これまでの経験で、少なくともそれが否定されたことはないです。ですから、土木のデザイナーとかプランナーという仕事は、設計の専門家と言いながら、自分自身の確固たる設計のアイデアを初めから持っているわけではなく、まずは相手のことを知りたいと思うことから始まっているように思います。

—地域の人々から、行政から委託された「よそ者」扱いをされるというようなことはないのですか？

はじめは、地域の人たちと距離があることは当然です。ただ、仕事としてのみ地域と係わるのではなくて、個人的にフラッと街を歩いたり、清掃活動に加わったりもします。沖縄では、村のお祭りに出かけると、その地域の人にとても喜んでもらって、それからとても地域に入りやすくなった。この人は、本当にこの地域を思ってくれているのだなと信じてもらえるきっかけになったと思います。休日などに行ってみると、その土地にしかない珍しいモノに出くわしたりするので、結構楽しんでいますよ。

あとは、地域の人の輪に入っていくタイミングなど、場を読む力は重要です。その辺の能力は田舎で育ったことが活きているかもしれません。これをやったら、おじいちゃんが怒るとか。団塊の世代との対話というのも独特な緊張感があります。あと九州の田舎では、まだ男性が中心の社会が色濃く残っているところもあって、そういったところでは、婦人会への話の持ちかけ方とかも工夫がいる。こういったことは地域のことを良く理解しておかないとうまくいかないですね。分からない時でも、絶対に知ったかぶりはしません。知ったかぶりは信頼を失う恐れがあり危険です。

地域が主役のまちづくりが土木の役割を拡げる

―徳永さんが目指すのはどこでしょうか？

地域の景観を良くために、景観計画のように、まちを整えるためのルールがつくられます。従来は、行政側が一方的にルールを決めていたのですが、最近になって、地域の人々が主体になってルールを決めていくケースが増えてきました。こういったことは、どんどん進んでいけば良いと思います。しかし、地域の人々が役割や責任を自覚せずに、好き勝手やるようなことでは長続きしません。そういう意味では、黒川温泉は、地域にとって「身の丈に合った」方向へ向かっているように思います。こういったことが、もっと他の地域にも拡がっていけば、結果として土木分野の役割を拡げると思います。黒川温泉では、地域が主体となって自主的に会議が進みます。その分だけ私は、専門家としての責任を果たす必要がありますす。住民だけでできることもあるし、できないことは行政に動いてもらう。従来のコンサルタントの受託事業であれば、一年から二年だけのつきあいで、仕事の本当の成果が何か、よく見えなかったりします。本当の成果へ至るには、もっと長い付き合いが不可欠です。こういった長い信頼関係の中でこそ、土木技術者が活躍できる土台がしっかりしてくると思います。

―最後に、この仕事の魅力はズバリ何でしょうか？

地域からの期待や信頼に応える主治医のような気分で、やりがいを感じます。土木の仕事には、地域環境にとっての医者の役割を求められていると思います。私は「旅好き」ということもあり、担当する地域の現場を何度も訪れて、その地域の魅力や課題を探ろうとします。

良く言えば、地域環境が持つ本質に迫り、その価値を高めるためのオリジナルの提案をしていくということです。こうして地域密着型でやっていると、地域の人たちからは仲間のように接してもらえたり、新たな発見や学ぶことがたくさん出てきます。

―そういった喜びの相乗効果が、地域の人たちとのコミュニケーションをうまく働かせるのですね。徳永さんのお話をお伺いして、地域が持つユニークな点を探し出してやろうという好奇心に駆られて楽しみながら仕事をしていらっしゃることが印象的でした。本日はお忙しい中、貴重なお話を頂き、本当にありがとうございました。

黒川温泉

阿蘇くじゅう国立公園に接する黒川温泉は緑豊かな山々の自然に包まれている。江戸時代より湯治場として賑わい、現在も人気の温泉地である。

徳永 哲

株式会社エスティ環境設計研究所
代表取締役・所長

1961年福岡県大牟田市生まれ。

地域づくりから、街並みや水辺、緑地、建築の設計に至るまで、生きたままの環境をトータルにデザインする。

特に最近の約15年は、黒川温泉、熊本県五木村、阿蘇、長崎県上五島、沖縄県中城村といった九州各地の環境設計に、フィールドワークや住民参加を含めた地域密着型で継続的に取り組んできた。

これからも対象とする場所の自然や歴史、文化、そして人々の思いや行動までもが風景に表れるよう、オリジナリティーを基本に、その環境を「守り」・「創り」・「育てる」ことにこだわりたいと考えている。

技術士(都市及び地方計画)
一級建築士
RLA登録ランドスケープアーキテクト

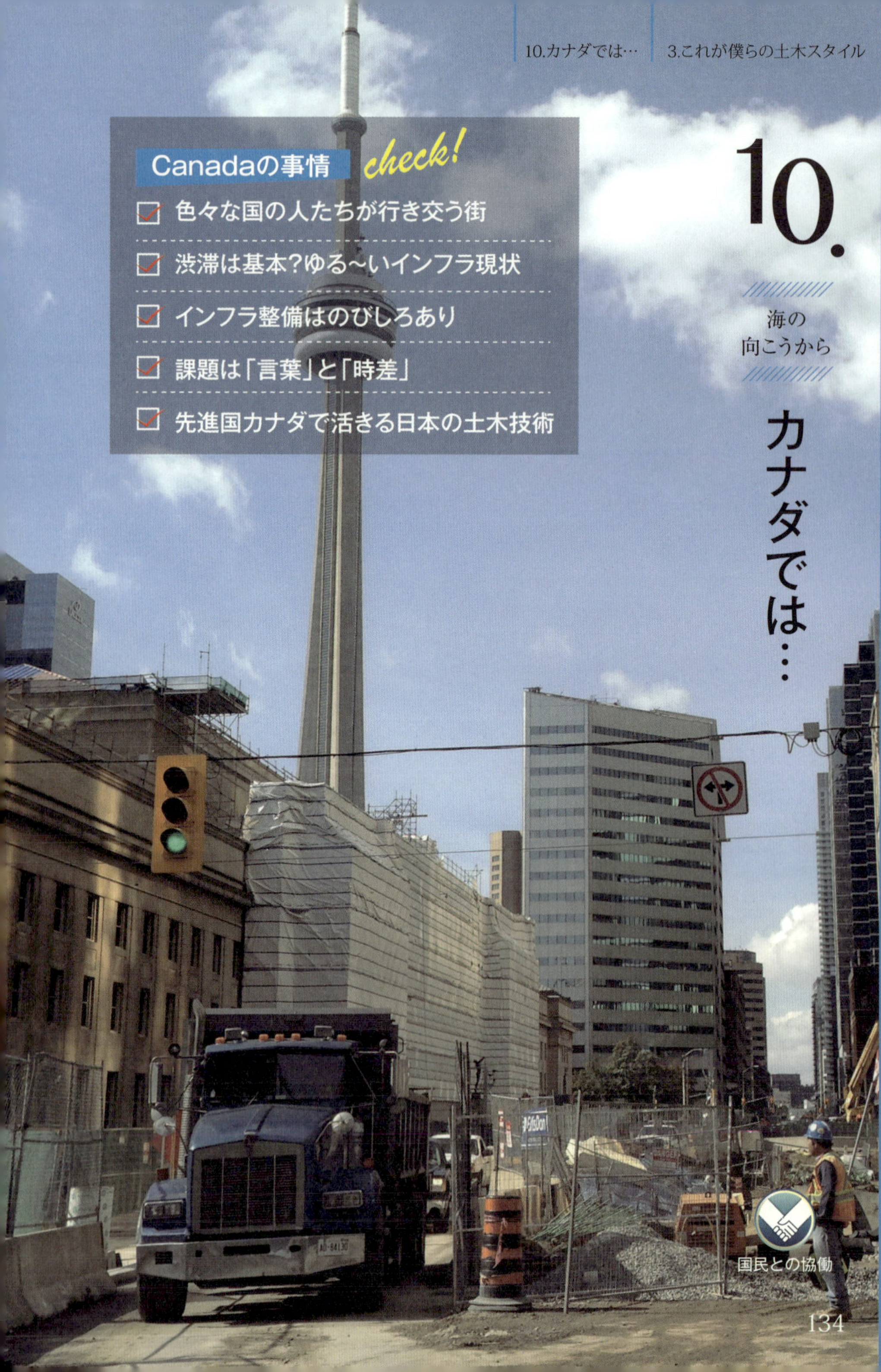

10. 海の向こうから カナダでは…

Canadaの事情 check!

- ☑ 色々な国の人たちが行き交う街
- ☑ 渋滞は基本?ゆる〜いインフラ現状
- ☑ インフラ整備はのびしろあり
- ☑ 課題は「言葉」と「時差」
- ☑ 先進国カナダで活きる日本の土木技術

国民との協働

人種のモザイク、トロント

カナダは世界で二番目に大きい面積の国土を有する、人口約3500万人の国。国土全体の人口密度は非常に低いが、約280万人が住むトロント市は[※1]、ニューヨーク、シカゴに続く北米第三位の大都市。2006年〜2011年の人口増加率は4.5%であり[※2]、人口はまだまだ増加中である。日本との大きな違いは、様々な人種の人が住んでいることだ。人口の約半分は移民であるため、トロントの人に出身地を聞くと、大抵カナダ以外の国名を答える。アイルランド、ドイツ、ガイアナ、インド、中国、台湾。日本では聞き慣れない国も数多い。例えば、2014年ブラジルで開催されたサッカーのワールドカップ。トロントでは、様々な国の旗が掲げられ、試合日は自国を応援するサポーターで連日街中が賑わう。多国籍を感じる一面である。

乏しい交通インフラ

敢えて言おう。大都市トロントの交通インフラは、日本に比べて非常に貧弱だ。地下鉄は2路線しかなく、電車も朝・夕の通勤時間帯以外はほぼ運休。地下鉄は時

※1 トロント市の人口
参考：World Population Statistics
(2013年5月20日時点)

※2 トロント市の人口増加率
参考：トロント国勢調査結果
(2011年)

about カナダ

世界2位の国土面積を誇り、様々な人種の行き交う自然豊かな国。10ある州のうち首都はオリエント州・オタワ、最大都市は同州・トロントである。トロントの総人口は約280万人にのぼる。

※3 PPP（Public Private Partnership）
インフラ整備において、民間のファイナンスやノウハウの活用等、行政と民間が協力して効率的で効果的なインフラ整備を行うこと。PFI、指定管理者制度、市場化テスト、包括的民間委託、コンセッション方式等も含まれる。

写真：Kenaidan Contracting Ltd.

刻表が無く、途中駅で停止することもしばしば。道路網も十分とは言えず、通勤時間帯は基本的に渋滞。さらに、舗装の傷みによる陥没や、老朽化している構造物も多く見られる。

緻密な運行管理ができる電車網や綺麗に整備された道路網に慣れている日本人には、インフラ構造物やサービスの質の低さに少々面食らう。例えば、日曜日の昼間に堂々と高速道路を閉鎖して工事をする。利用者が日本のようなサービスを求めていないとも言えるが、工事渋滞や慢性的な渋滞に関する市民の不満を耳にすることもしばしばある。

PPP[※3]が盛んなカナダ

このような中で、人口増加中のトロントの都市生活を支えるため、新しいインフラ整備事業も行われている。例えば、現在トロント市内では新しい3つのLRT[※4]の整備事業がPPP事業で計画されている。現在、カナダでは資金調達の課題を解決するためPPP事業によるインフラ整備に積極的だ。[※5]2015年1月現在、22件約700億ドルのPPP事業が計

※4 LRT（Light Rail Transit）
低床式車両の採用、軌道・電停の改良等により速達性、快適性などの面で優れた次世代型路面電車システム

画・実施されている。これはPPPに関連する法や実施体制が整備されていることが大きい。連邦政府レベルでは2009年にPPPカナダとPPPカナダファンドを設立したことにより、連邦政府によるPPP事業への資金拠出が可能になったほか、州政府レベルでもPPP事業を統括する組織を設立し、PPP事業の計画や構成、審査支援等を実施している。このような政府機関の積極的な関与により、カナダのPPP事業投資は、今後も成長が見込まれている。公共事業の資金調達について同様の課題を抱えている日本にとっても、PPP先進国から学ぶべきことがありそうだ。

言葉と時差の壁

プレイヤーに目を向けると、ここでは国内だけではなく、フランス、ドイツ、スペイン、米国、など国外の企業が多く参入しており、建設市場にもモザイク化が進んでいるといえる。ほぼ日本企業だけの国内建設市場とは大きく異なる。

ここで、日本企業のカナダ建設市場への参入を考える。日本の土木技術のレベルは高い。またカナダの法整備や商習慣からも、日本企業参入の環境は整っていると考えられる。しかし、問題は言葉と時差だ。これらを克服しないと本来の優位性を発揮することは難しい。

言葉の壁。英語を母国語とする国で、日本育ちの駐在員がカナダ人をはじめ多国籍の技術者をマネジメントすることは非常に難易度が高い。

写真：Kenaidan Contracting Ltd.

※5 カナダのPPP事業の数と金額
参考：The Canadian Council for Public-Private Partnerships CANADIAN PPP PROJECT DATABASE(2015年1月20日時点) Market Snapshot(2015年1月20日時点)

例えば、契約書や交渉において文書を作成する時に適切な単語を使って微妙なニュアンスを表現することは非常に難しい。契約書となると日本語の文章ですら悩むのだから尚更だ。一方で、同様に英語が母国語ではない欧州や東南アジア出身の人も多く活躍していることも事実。日本企業がより一層海外で活躍するためには、海外だけでなく国内勤務者も含めて語学力の向上が欠かせない。

次に時差。技術、契約、法律等専門的な知識が必要な分野では、現地だけでなく組織の力を活用する必要がある。しかし、約半日の時差がある日本とトロントでは、就業時間が全く異なるため、日本から電話等で現地の会議等に直接参加することが非常に難しい。現地では地元のサポート体制を作ると同時に、会社全体では海外で組織の力を効率的に利用できる体制作りが大切だ。

カナダで働く魅力

国内に慣れていると、環境が異なる海外では、国内には無い制約を感じてストレスがたまることもあるし、日本の方が働きやすいと感じることも多々ある。それでも、カナダのような先進国で働く意義や魅力は大きい。

まず、技術の吸収。前述のように様々な国の企業が進出しているため、カナダ以外の様々な地域も含めた技術、商習慣、企業風土等を知ることができる。

特に、北米や欧州等で導入されている先進的な契約方式や事業方式は、今後日本におけるインフラ整備の手法の参考になるものも多い。例えば、ＰＰＰ事業は日本でも導入が始められているが、実際の

事業に関わることで課題や利点を的確に知ることができるため、国内からでは得られない知識やノウハウを習得できる。

次に技術の発信。例えば、国内の過密化した都市空間での地下工事は、他国にはない高度な技術を有している。先進国においても日本の技術と経験を活かせることは、日本をアピールできるだけでなく自らのモチベーションの向上にも繋がる。国内と海外の良い点と悪い点、これも海外に出て自ら体験しないと分からないことが多い。

国内の経験を海外で活かし、更に、海外の経験を日本で活かす。このような循環が自然とできるようになれば、日本の技術者も、日本の企業も、日本の国も、今よりもっと魅力が高まるだろう。

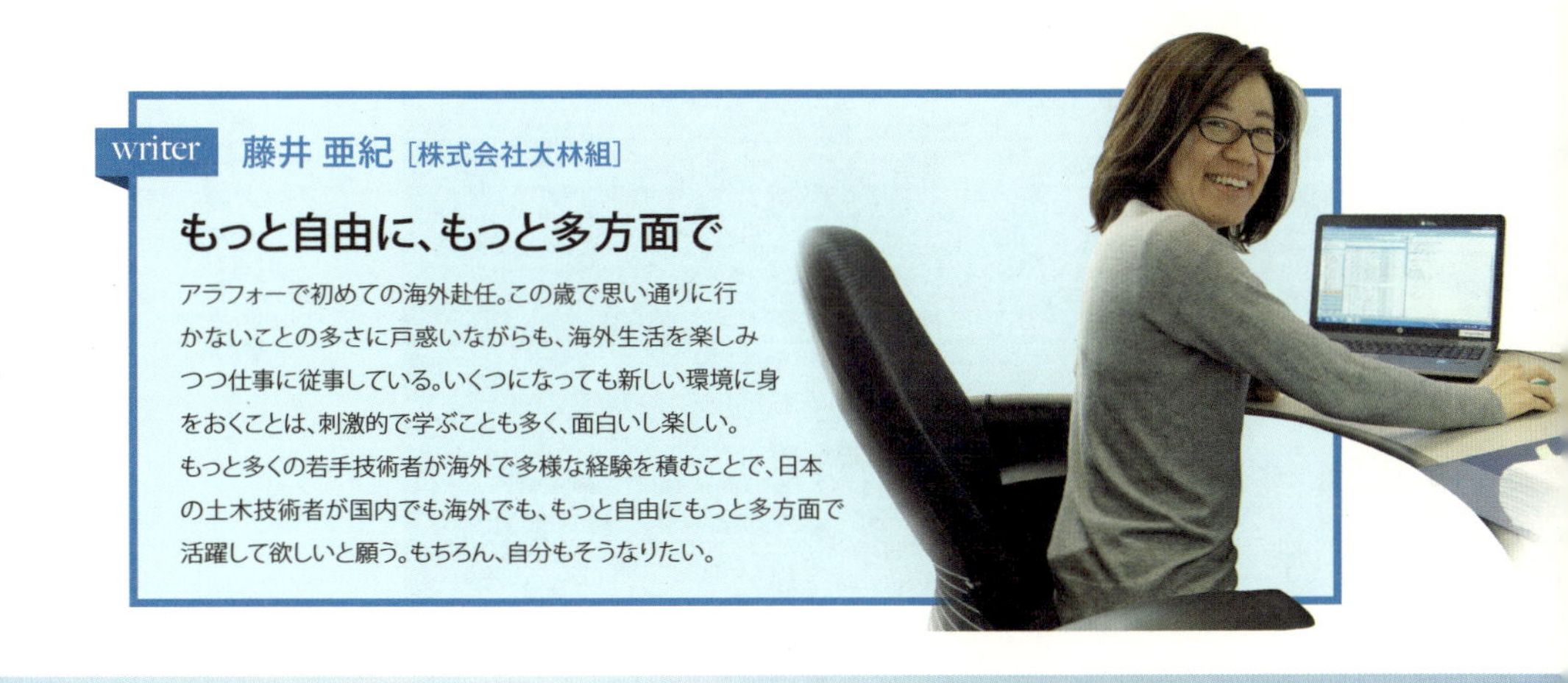

writer 藤井 亜紀［株式会社大林組］

もっと自由に、もっと多方面で

アラフォーで初めての海外赴任。この歳で思い通りに行かないことの多さに戸惑いながらも、海外生活を楽しみつつ仕事に従事している。いくつになっても新しい環境に身をおくことは、刺激的で学ぶことも多く、面白いし楽しい。もっと多くの若手技術者が海外で多様な経験を積むことで、日本の土木技術者が国内でも海外でも、もっと自由にもっと多方面で活躍して欲しいと願う。もちろん、自分もそうなりたい。

11. 海外での土木 スリランカでは…

スリランカの街並み
緑豊かでフラットな家々を残しながら、高層建物の建設ラッシュ。インド洋に面し、快晴の日は爽快。夕日がとてもきれいに見える。

国民との協働

内戦を終え急成長する国 スリランカ

２００９年に民族対立による内戦が終結したスリランカ。インドの南東に位置し、世界遺産、紅茶や宝石の産地で有名だ。わが国同様島国で、美しい沿岸部はサーフスポットやリゾート地として栄えている。現在、主な産業である観光業に力を入れながら急速に経済成長を遂げていて、近年メディアでも多く取り上げられ、知名度も急上昇だろう。発展途上だけあって、アミューズメントやグルメスポットは乏しいが、南国フルーツは一年中色々な種類が楽しめ、インド式とはま

街に並ぶ鮮やかな果実

観光客で賑わう海辺

た違ったスリランカ式のライス&カリーも、たまにどうしても食べたくなる味。

私はスリランカの高速道路建設の現場に赴任して約2年経つが、都心部の建設ラッシュやインフラ整備、観光客の増加を強く実感している。

評価されている日本の実績 これからもニーズあり

日本はかつてスリランカにとって最大の経済援助国だったが、近年、中国に取っ

about スリランカ

自然の豊かさや歴史的背景によりインド洋の真珠、涙と呼ばれる。北海道より少し小さな国土の中に様々な民族や文化が混在している。最大都市はコロンボだが、首都はスリー・ジャヤワルダナプラコッテである。

て代わられている。実際、港湾施設・国際空港が新規に中国により開発され、最大の国際空港と都心部を結ぶ高速道路も中国企業により建設・開通した。さらに、ランドマークとなる電波塔の建設も進行中だ。このような積極的な投資、多くの中国人観光客から、国内の中国の存在感は大きなものとなっている。

それでも日本の実績も大きく評価されている。スリランカ初の高速道路は、最大都市コロンボ近郊～南部都市ゴール間126kmのうち67kmが円借款及び日本企業の建設により2011年に開通し、大幅に交通時間が短縮された。さらに、都心部の渋滞緩和・物流効率化を目的とする外郭環状道路が我が国のODA(政府開発援助)円借款事業として建設或いは計画・発注の段階にある。これからも、さらなる道路網の整備や、既存鉄道駅のターミナル化整備、新交通システムの導入、港湾施設の整備、空港拡張工事や火力発電所建設、観光客向けホテル建設といった計画があり、建築・土木共に大きなニーズがありそうだ。

インフラ整備等により、豊かになる市民の生活

スリランカの人々にとって、土木とはどのようなものだろう。地方からの出稼ぎ労働者や、主な観光地などは交通網の発展に寄与する土木の恩恵に浴しているだろう。また、水産資源もより新鮮な状態で内陸部にも届けられることになるだろう。発電所建設により停電頻度も徐々に改善されていくだろう。ただ、市民がそれらを「土木」の恩恵と捉えているかどうかははかりかねる。道路工事の現場で森が

コロンボ・フォート駅正面

バスターミナルに収まらないバスが待機している。バスは庶民の主な交通手段。

建設中の電波塔

ヒッカドゥワの駅

スリランカにはシーズンになるとサーフィンや海水浴を楽しみに国内外から人が集まる。サーフィンのメッカ。

切り拓かれて平地になると、途端にそこは子供・大人問わず凧揚げスポットや、国民的スポーツ・クリケットの遊び場となる。おそらく何十年も前の日本と同じ感覚だろう。社会基盤がどんどん便利になっていくその波を感じつつ、特段土木に対して悪いイメージも無いのではないだろうか。

建設現場は格好の仕事場

発展途上の国ゆえ、建設現場ができると、その近くに住んでいる人にとっては格好の仕事場となる。元々ほぼ自給自足の生活をしている人が多く、土木工事で仕事を得ても家の庭仕事があるためか、個人差はあるが、あまり残業意欲は高いとは言えない。それでも、我々の携わる大規模道路プロジェクトの現場に勤務するローカルのスタッフ、特に内勤者や、にわか土工を指揮するフォアマン（職長）やそれを取り仕切るエンジニアは概してその仕事を誇りに思っているようだ。また、当現場ではフィリピン他第三国の職人や職長、エンジニアも多く活躍している。

海外土木の課題と醍醐味は人のネットワークにあり

他国の代表例として２０１３年トルコ・ボスポラス海峡横断地下鉄（トンネル）が数々の難題を攻略して開通した。しかし、画期的な新技術や、難しい施工を可能にする技術やデザインだけが海外で求められるニーズではない。より安く、より早く、良いものを。外食産業でも同じようなフレーズを聞くが、そういった必要事項のマネジメントこそ、重要なポイントでありニーズだろう。

国内外問わず、我々建設企業ではまず、利益の上がる金額で良い仕事を受注する「営業」が重要で、文系・理系の出身を問わず、ある程度の経験をもつ人が活躍している。その上で求められるのは、当然、現場における安全・工程・品質・原価の管理だろう。海外の土木業界という環境下では、まず気候による制約、そして働き手の文化・常識の違いを受け入れることが求められる。日本の現場の常識では到底考えられないようなことが、本当に信じられない頻度で起こるのだ。経験を活かしてそれらを何とか解決しながら、異なる文化の現地労働者をいかに機能的なチームに組織立てるか、どういったルール作りをして、どういった人員・機械の配置を決めて効率よく仕事を動かすか。或いは地元有力者や客先のトップを巻き込ん

現場の様子。朝礼には総勢約100人が集まり、現場は活気で溢れている。

で、進めたい方向に進められるよう、どうゲームメイクしていくか。それが土木の仕事の前線での日々の課題であり、挑戦だと思う。実際にモノを造るのは現地の人。彼らと共に異境の地に大規模な社会基盤を整備し、50年、100年といった長期時間軸で残していく。それが自分自身の人生をも形成していく。よく考えればとても深いことではないか。失敗も多く重ねて当然。そこから学んだものを活かし、人のネットワークも築き、広げて、より多くの成功例を作っていくというのが、海外土木のストーリー、将来ビジョンではないだろうか。

writer 田辺 充祥［大成建設株式会社］

土木で繋ぐ、あなたの未来、広い世界

夜行バスに乗りながら、高速道路ってすごい、そう思って進んだ土木の道。しかし二十歳になるまでは、海外になど行きたくないと思っていた。それが、大学卒業旅行、研究活動、研修で海外に行くうちに、一度きりの人生、色々な世界を見るべき、また、語学にも自信のない自分への課題、という考えが。入社6年目からアメリカの現場へ。現在スリランカ。合わなければ日本で活躍すればいい。でも、一度は挑戦してみて欲しい海外。見えないものが見えてくるかもしれない。先進国でも途上国でも、意外と通じる意志。目新しい技術以外にも、きめ細かい現場管理が日本人技術者の売りとなる。

12. 土木のネクストステージ 新領域の拡大へ！

世論は土木に対して厳しい？

「世論は土木に対し、批判的である」というのは最近よく耳にする言葉である。しかし、本当に国民はそのように考えているのだろうか。

民主党から自民党への政権交代を経て、公共事業の増大は大きなキーワードとなっている。これは「東日本大震災が起きたから土木の重要性を知った」などと単純な結果と捉えることは出来ない。

多くの国民は、社会の成熟による新たなインフラ整備への不要性と災害や維持管理に対するインフラの必要性の双方の考えを持ち合わせているだろう。

「どちらの考えが勝るか？」

この議論は妥当ではない。何故なら、安全・安心な世の中であることが大前提にあり、決して土木事業自体を否定しているものではないからだ。

では、「土木に対する厳しさ」がどこから来ているのだろうか？

戦後から経済成長期に入り、建設産業は政府主導により発展を遂げた。

高度経済成長期では、大量のインフラ整備のおかげで急成長する我が国の経済発展を支えることが可能となった。

その中で土木技術者は、前人未到の挑戦を続け、一心不乱に自らに与えられた試練を全うした。数ある功績の中で、黒部ダム、青函トンネルなど、土木は世の人々を感動させた。

しかし、それは長続きはしなかった。バブルが弾け、少子高齢化時代に入った途端、国や地方の財政が逼迫し、新設事業に対する批判が高まり、土木業界は疲弊していった。

こうした半世紀に渡る歴史を振り返ると、土木業界は独特の発展を遂げてきたことが分かる。

他産業に目を向ければ、時代の変遷とともに生き残りを掛け、勝者と敗者が生まれる。勝者はその時代の寵児の如く流行を牽引する。

土木は世の人々を感動させた。

黒部ダム　富山県 / 1963年完成

日本一の高さと美しいアーチが特徴的なダム。スケールの大きさと建設が困難だったことから「世紀の大工事」と称される。発電所としても機能している他、観光名所として多くの人で賑わう。

一方、土木業界では大型船で揺られるがごとく、国の舵取りの下で皆が同じ方向に進んできた。現代、大型船の行く先が国民ニーズの多様化とともに多方面となり、大型船では対応できない状況だ。いよいよ大型船から小型船に乗り換え、各々の目的地に向かう時が来たのである。

現代、土木にはその姿を変えるという、大きなパラダイムシフト[※1]が訪れている。

土木の変革

土木に対する世間の厳しさから脱却するためには、土木の変革が必要となる。しかし、土木を正しく世に伝えることは難しい。これまで土木は絶対的な国家主導型産業体系の中に位置づけられていたため、世間に対する説明やアピールをする必要性を迫られていなかった。ある意味、社会との一体性が徐々に希薄になりつつあるのかもしれない。

土木業界が変革しづらい原因として、業界自身が高度経済成長に支えられ、十分なシェアを分配されてきたこと、インフラ整備そのものに公共性が高く競争原理が働かなかったことなど、様々な要因がある。よって、いざ競争時代に突入すると、価格競争でしか戦う術がなく、瞬く間に業界は疲弊していったのである。

当然ながら、公共投資が減り生産性の向上がなく価格競争に突入すれば、業界全体が疲弊していく。疲弊した業界は、労働環境の悪化、良質な人材が不足し、更なる悪循環を招く。

このような状況の下、我が国の土木はまさに変革を迫られている。

変革≠価格競争
業界が疲弊
うわぁぁ…

イラスト：しもだあきこ（studio carmine）

※1 パラダイムシフト
当然とされている認識や価値観などが大きく変化すること

変革への条件

社会に役立つこと

これまでの土木の一般的な概念として、土木＝社会貢献とされてきた。国民の税金で公共物を造ることから、土木の仕事を社会貢献と総称できることは間違いない。しかし、そもそも社会貢献とは社会に対して良い結果を導くことが前提にある。

インフラ構造物は、単品生産の最たるものであり、安全・安心を前提とし、失敗は許されない。それ故、国や市町村がその品質を確保するために、いつでもどこでも品質の差異のない構造物を国民に提供できる仕組みとなってきている。しかし、「社会貢献＝一定仕様の生産物」という考え方は徐々に変わろうとしている。刻々と変化するニーズに敏感に反応し、真に社会に役立つ土木を希求していかなければならない。

土木技術の歴史は古い。我が国はこれまで土木技術を基軸とし、交通や防災など様々な分野が発展してきた。現代においても、土木を中心として発展することで、土木がインフラ基盤と称され、大きな経済効果をもたらしている。

他産業を見ても、与えられた仕様に沿って製品やサービスが固定化することはまずないだろう。顧客のニーズ、あるいはニーズを引き出す製品やサービスを常に発展させ提供することによって魅力が増大する。

技術の進化

そのような提案を我々土木技術者が行っていくことで、産業の発展がもたらされることになり、また土木の魅力（ニーズに沿うこと）も増すことになるだろう。

土木を志す技術者は、高校、高専、大学等の土木工学科（現在は土木の文字を含まない学科が多いが）を卒業し、大きく三分野への進路から選択することとなる。一つは、ものづくりを業とする施工会社（ゼネコン）、二つ目は、土木設計を業とする設計会社（建設コンサルタント）、そして公務員（国、県、市町村）である。

いずれの分野においても、日本全国どこでも要求品質を満足する構築物を作り出すために、高度な仕様規定に則って高い技術力が保たれている。おかげで、どこに所属しても一定以上の技術力が習得できる時代となった。

これは、公共性の高いインフラ構造物を造るために、長い年月をかけて技術者の熟性度を高める教育が実施されてきたためである。まさに土木が経験工学と呼ばれる所以である。

土木三分野

◉ゼネコン — General Contractor

ダム、道路、橋、トンネル、鉄道、空港など、土木工事の現場での工程・安全管理など総合的な管理を行い、主にインフラ構造物を造る。

◉建設コンサルタント — Engineering Consultant

公共事業を中心とした土木事業における企画、調査、計画、設計、施工管理等の各段階において、その技術サービスを提供し、主に設計者としての役割を担う。

◉公務員 — Public Official

社会資本の整備と管理を行い広域的な視野で事業の役割をとらえ、企画調整、都市計画、設計・積算、施工管理、管理保全など、まちづくりに関わる事業執行を行う。

近年は、新技術の導入やその精度の高度化によって、土木技術は目まぐるしい発展を見せている。例えば、情報化施工や三次元データの活用など、元来土木技術者が得意としてこなかった情報分野への展開が見られる。これらＩＣＴ産業の参入により、土木技術者は他産業との調整や新たな技術力の習得に追われるようになった。

また、少子高齢化や一極集中型の都市形成により、地域によっては発注者の技術者不足が深刻であり、補完的役割として民間の力を活用するなど、分野を跨ぐことも目立って来た。

これからの土木事業では、多分野に渡る技術の習得が必要となり、従来の分野別教育の在り方を見直さなければならないだろう。

また、多分野が参入するには、あらゆる

変革＝分野別構造からの脱却で
業界の躍進へ

よっと！
あれ…？

イラスト：しもだあきこ（studio carmine）

提案や構想を取り入れる体制づくりが重要であり、官民関わらず、縦割りと言われる分野別構造からの脱却が求められる。

民間企業の技術は、事業に携わる設計技術や施工技術など、あらゆる段階で活用されている。ただし、それはプロジェクトの生産段階において、企画や構造段階を経た後の限定的な範囲に留まっている。

今後、民間が自ら提案し、企画段階から事業に参画することで、土木業界が他産業との融合を図る重要な役割を担うことになろう。

これらを土木技術者が先導していかなければならない。新たな産業を産み出す引き金を他の産業に委ねるわけにはいかない。

土木技術の今

日本企業は技術力が高いと言われて来た。これは、自社の発展のために、企業が築いた技術力であるが、品質向上、時間短縮、コスト削減を目的として技術革新が行われてきた。

ここで現代求められる土木技術について、具体的に掘り下げてみよう。

効率性、合理性

高度経済成長期からインフラ構造物の大量生産がなされて来たが、その間に建設機械の進歩に伴う効率性の向上がもたらされたことは言うまでもない。

最近では、バーチャルリアリティー技術として、動画や三次元データを駆使した設計、施工等、新しい情報技術が浸透しつつある。

安全・安心性

安全な構造物を提供するために、品質確保の絶対的なルールが定められてい

る。「公共工事の品質確保の促進に関する法律（以下、品確法）」に基づき、まさに「いつでもどこでも安全・安心」という高品質のインフラ構造物を提供できるように、皆が努力している。

一方で、国民にとっては、もはや安全・安心は「当たり前」であり、「安全・安心＝土木技術」のみでは満足感は得られない。これは、土木技術者と国民との大きなギャップとなっているのではないだろうか。

景観

歴史の古い土木構造物の中には、文化的価値を見出せる魅力が存在する。これらの価値に関しては、様々な意見・論議がなされているが、現在においても文化的価値を創造することは日常的に接する土木には必要だ。

持続可能

つい最近まで耳にしていた、「スクラップ・アンド・ビルド」[※2]と呼ばれた構造物の生産体系はもはや古いものとなった。経済性あるいは効率性などの単一的価値観の下で判断される生産方式よりも長期的スパンで判断される考え方が定着しつつある。

これらは、インフラマネジメントという専門分野として、インフラ構造物の維持管理から廃棄まで視野に入れた考え方が導入されている。

土木の将来価値

インフラ構造物は、その価値を社会経済性や利便性の観点を主体に評価され、公共サービスとして営まれてきた。もちろん、公共サービスはその効果を失うことなく継続されることは必至である。

※2 スクラップアンドビルド
つくっては壊し、壊してはつくること

今後は、国民の効用を高めるために、新たな土木価値として民間サービスを取り入れる重要性を提起したい。

一般に、民間事業が物品販売を行う際には、サービスという観点が切り離せない。サービスとは、顧客への物品の販売に伴い、満足感を供給するための行為である。

土木業界では、インフラ構造物の利用者である国民に対して、「サービス」という視点からは離れた立場にいた。さらに、仕様規定に伴う「いつでもどこでも一定品質」という方針が次第に産業をコモディティー化させ、価格競争を唯一の「サービス」とせざるを得ない環境に陥ってしまった。

この状況から脱却し、真のサービス価値を国民に提供することでニーズを共有することが可能となる。

そのために、多彩な提案を取り入れる仕組みを導入し、公共事業に付加価値を付与することが必要である。

さらに、サービスを価値として提供することで、その対価をキャッシュとして回収することが可能になる。また、キャッシュを確保するために、ニーズとのマッチングが必然的に考慮され、国民の満足度を高める効果が発生する。

これらのスパイラル効果は、国民に土木の意義を伝える最善策になり得るのではないだろうか。

土木は社会基盤的役割を果たす位置づけにあるため、その構造物そのもので民間サービスを提供することは難しい。しかしながら、基盤的役割を活用することで、異分野の技術やサービスを融合することがで出来る。

異分野との融合は、新たな付加価値を創出し、従来の土木技術のみでは成し遂げられなかったサービスを提供する。結果、国民はこれまでのインフラ構造物自体に安全・安心を期待し、付加価値に対して新たな満足度を高めるのである。

13. インフラ・プラス・アルファ

新たなる価値創造

既存インフラの活用

多量のインフラストックのメンテナンス対策は、国を挙げての急務となっている。老朽化した既存の構造物を更新することで、安全・安心に備えることは当然行わなければならない措置であるが、その空間を利用することで異なる目的も同時に達成することが可能となる。

例えば、エネルギー問題、少子高齢化、国際社会の変化等、あらゆる社会情勢に応じた対応を行う必要がある。そのために、既存インフラをハード面とソフト面の双方で活用するという多機能型ハイブリッド構想を取り入れることで、より有

【インフラの高付加価値の提言①】

多機能型ハイブリッド構想、既存インフラの活用

【土木の現状認識】

○昨今のインフラは、市場競争原理に基づき、ムダなく・効率よく整備が進められている。そのため、有事の際に代替がきかない脆弱なものとなっている。

○国民の安全・安心なくらしを脅かす、国家リスク（災害・エネルギー・水・食糧不足・防衛等）が顕在化する中で、土木は何が求められているのか？

【提言の内容】

→部分最適（土木）でなく、全体最適（地球・国・地域）な観点でインフラを捉え、レジリエンスで多機能なインフラ整備を行う。

橋梁に風力発電施設を併設（イメージ）

新しい領域の開拓

効的な対策がとられるものと考える。
ハード面：既存インフラの改築
ソフト面：既存インフラの空間利用

新たなインフラの創出

新たなインフラ整備の体系として、国民ニーズに応えたサービスを提供するために、異分野との技術融合を図り、従来のインフラ構造物に付加価値を付与することを前段で述べた。

しかし、望まれる付加価値とはどのようなものなのだろうか？

公共構造物に付与される付加価値は、ある主観に基づいた個人的満足感を高めるものではない。むしろ、全体最適を考えた場合、個性や創造性に欠けるものにならざるを得ないことが多い。

そのような考えに従うと、これまで国

公主導の社会資本整備から国民主体のインフラ文化形成への発展を目指し、
多様な披術を創造する多文化融合を果たすとともに人々が「生」を実感する生活基盤を創造する土木を考案する。

これまでは主体は国であった。
しかしこれからは、主体は国民でなければならない。

インフラ文化とは、インフラ自体が国民の文化を育む基盤となるもの
でなければならないという意味を込めたもの。

多文化融合とは、既存の様々な分野(建設、エネルギー、不動産等)が融合して
土木構造物を考案することで、多様な価値が生まれる。

「生」を実感する生活基盤は、リアリティを感じる
文化形成を感じる社会のこと。

が主体で行われたインフラ整備は、ある統一的なルールや仕様に基づき実施されてきたことはやむを得ないことであるかもしれない。

しかし、公主体の構造物から脱却し、国民自らが創り出すインフラを考えることで、様々な創造的発想が生まれるのではないだろうか。

そこで、インフラ構造物を活用し、国民自らが行うサービス活動により文化的創造を成し得る新しい仕組みを「インフラ文化形成」として提案したい。

この考え方は、経営学で使われているCSV(Creating Shared Value)[※1]という用語で説明できる。

CSVとは、企業が追求する価値(利益)と社会的価値(福祉)とは本来異なるものであるが、共通の価値を見出すことで、双方の価値を高めることが可能であ

※1 CSV(Creating Shared Value)
対立関係に陥りながら企業と社会の間に共通の価値をつくりだしていかなければならないという考え方
ハーバード大学ビジネスクール教授のマイケル・E・ポーターが提唱

る。

例えば自動車業界におけるハイブリッド車や電気自動車は、企業活動の意義と社会的課題の解決を図る製品と言える。

これからのインフラ整備にあたってもCSVに基づく考え方ができれば、公共構造物でありながら、民のアイデアや技術を組み合わせることが可能となる。

これは、公が自らサービスを行うのではなく、インフラ構造物をプラットホームとして考え、民によるサービス活動を可能とする場を提供するということである。

民によるサービス活動は、地域や時代によっても異なり、形を変えていく。言わば、必然的にニーズに合った姿に移り変わっていくのである。

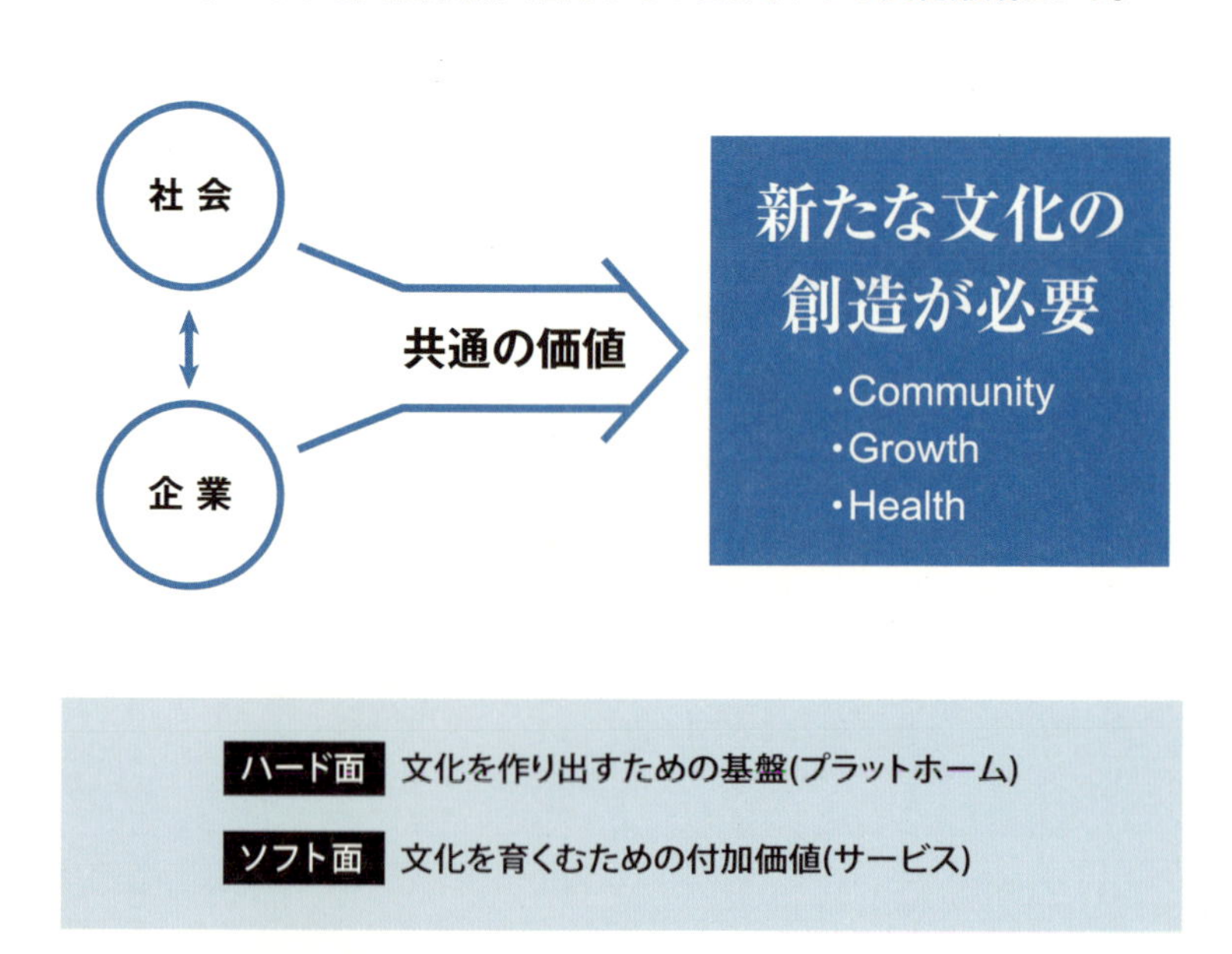

インフラ文化形成の実現

インフラ文化形成の姿として、インフラをプラットホームとして活用するイメージを描く。

プランAに示すものは、都心部の埋立地にそびえ立つ、いわゆるウォーターフロントの構想ビルのイメージに近い。橋梁上部にオフィスビルや公園を構築することで、景観に配慮しながら土地の有効利用や利便性の確保が可能となる。

プランBでは、橋梁の橋脚部を高層ビルとし、オフィス活用やヘリ輸送に対応した病院などにも使用する。

これは、土木と建築の融合によりインフラをプラットホームとし、利用者ニーズに応じた空間を提供する一例である。

もちろん、技術的な検証や開発が必要となるが、決して夢物語ではない。

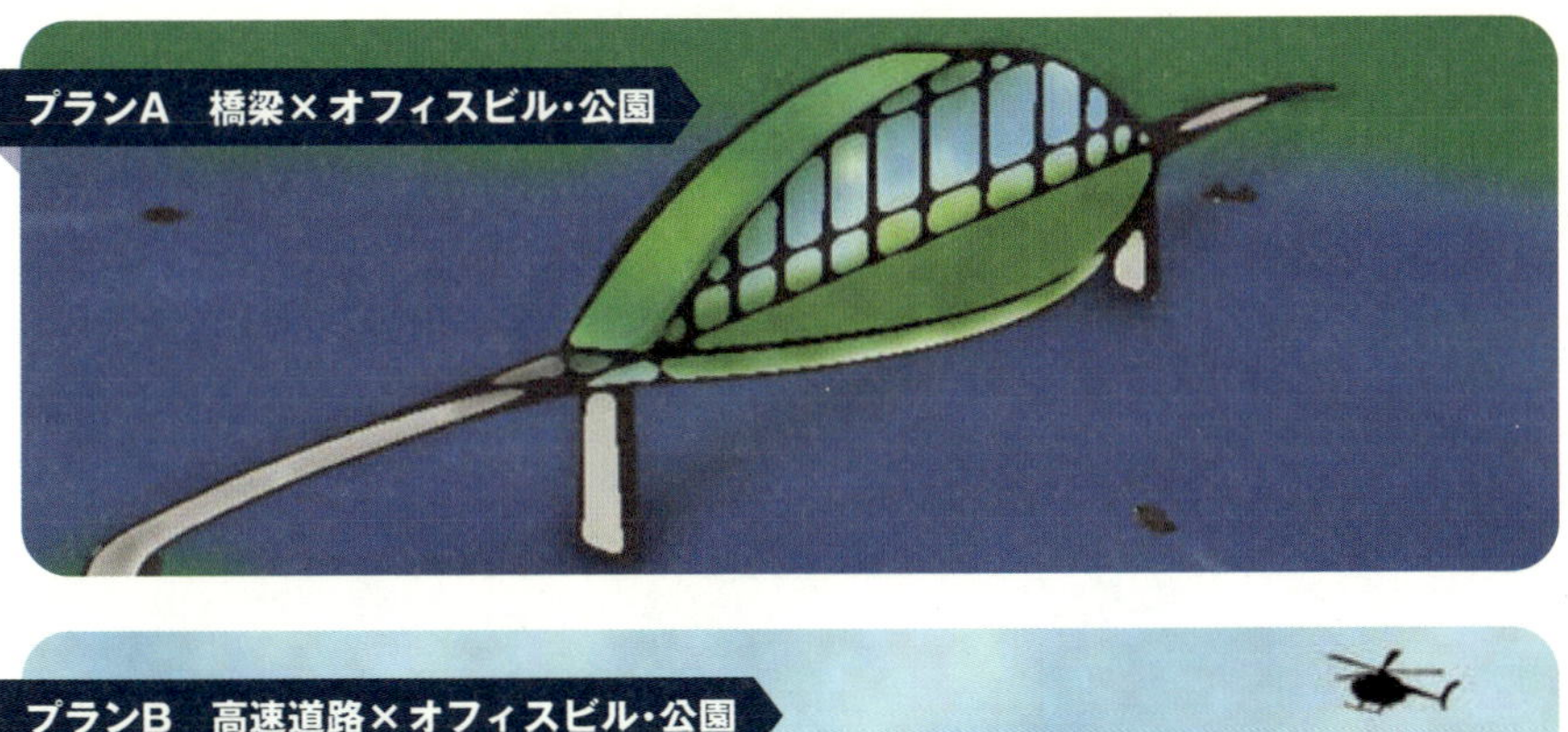

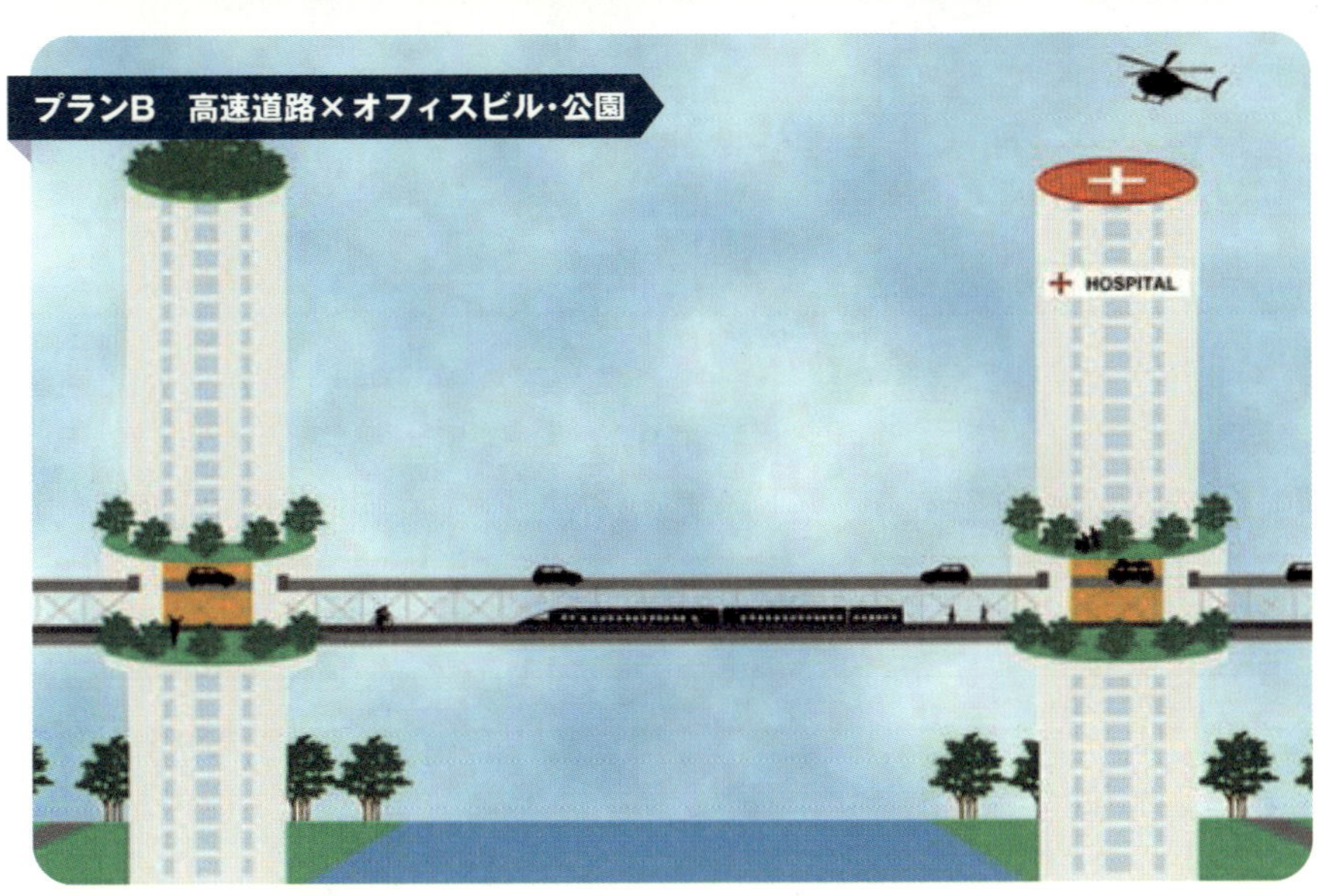

【インフラの高付加価値の提言②】

キャッシュ（利用料金）を生み出す、インフラ活用

【土木の現状認識】

○公共事業のコモディティ化（普遍化）が進んでおり、価格競争に陥っている。

【提言の効果】

①収益性付与…民間の発想や民間誘致により公共構造物に経済的利得をもたらす。
②地域活性化…商業施設と公共構造物を同時に提供することで、シャッター商店街を解消。

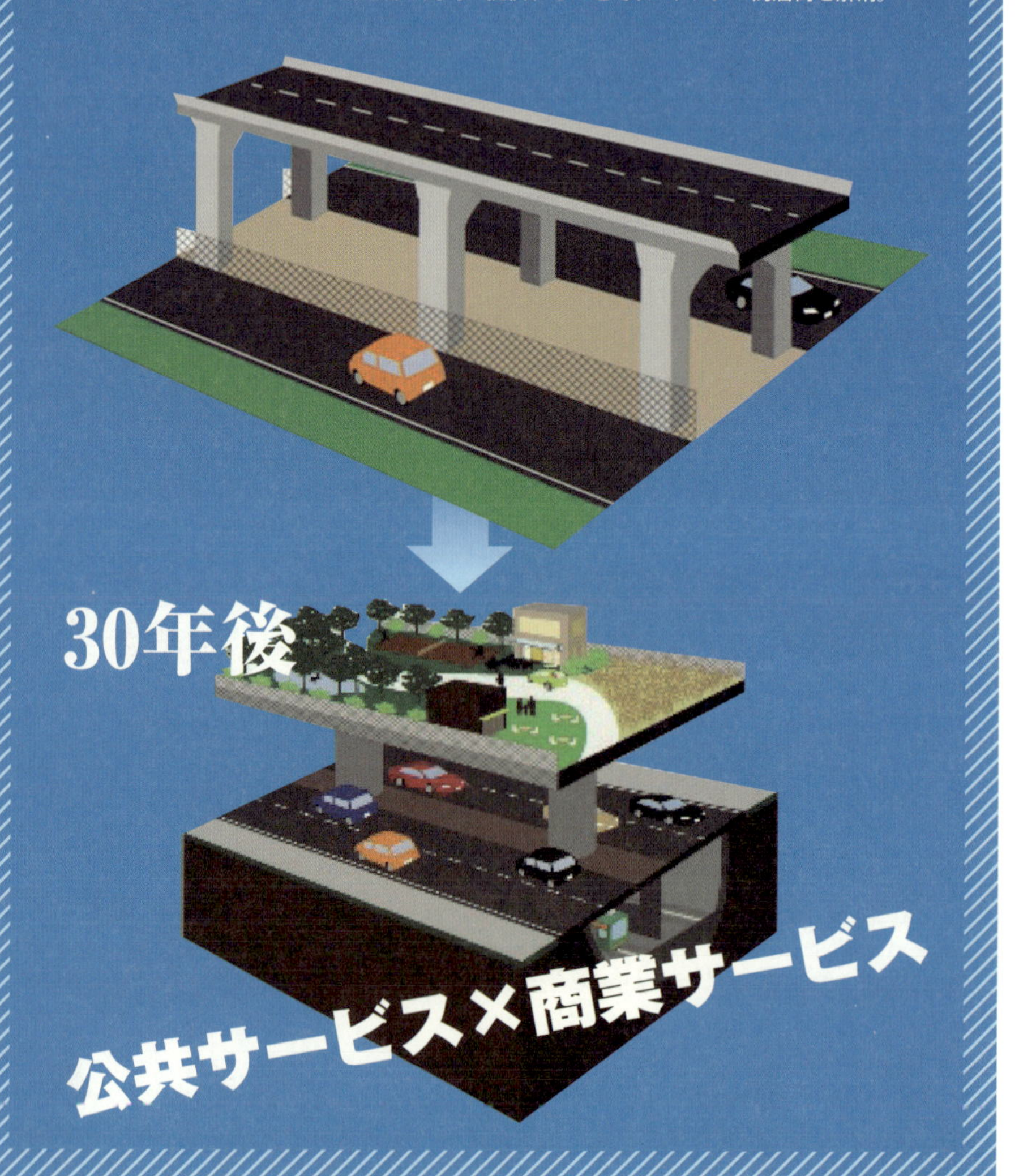

【インフラの高付加価値の提言③】

職人魂が伝わる、インフラ活用

【土木の現状認識】

○インフラ構造物は機能に対応する手段としてのみ存在しており、地域性や技術の多様化に乏しい。

【提言の内容】

①職人の創出…地域性のみならず、あらゆる分野の職人≒アーティストの活躍する場に。
②労働主役の多様化…土木技術者のみならず、意匠設計、広告等の他分野の融合

上に描くものは、国民自らが文化を育む仕組みをイメージしている。

トンネルを二層構造とすることで、交通空間と民間利用空間に区分する。民間利用空間では、娯楽施設や飲食街といった地域性やニーズを踏まえた活動を行う。

また、地震などの災害時では、地下空間を避難所としても活用することもできるだろう。

インフラビジネスモデルの構築

インフラを活用した経営は、インフラからサービスを提供し、利用者から対価を得るといった、インフラビジネスモデルが構築される。そして、国民自らが文化を育む空間利用が可能となり、民間提案、市場原理により進化する。

これは、産業全体の流れを変える起爆剤と成り得るだろう。

左のフローをご覧いただきたい。プロジェクトの構想段階であるスタートラインを実現することにより、次々とフローが展開し、スパイラルアップを図ることが可能となる。個々のプログラムによる強制転換のみでは決してこの流れを作ることは難しい。

実現のためのアクション

提示したインフラビジネスモデルでは、構造物（プラットホーム）の用途や活用手法を定めた後に、その形や構造が決定される。

従って、企画段階から維持管理段階まで一気通貫した考えの下、対象とする構

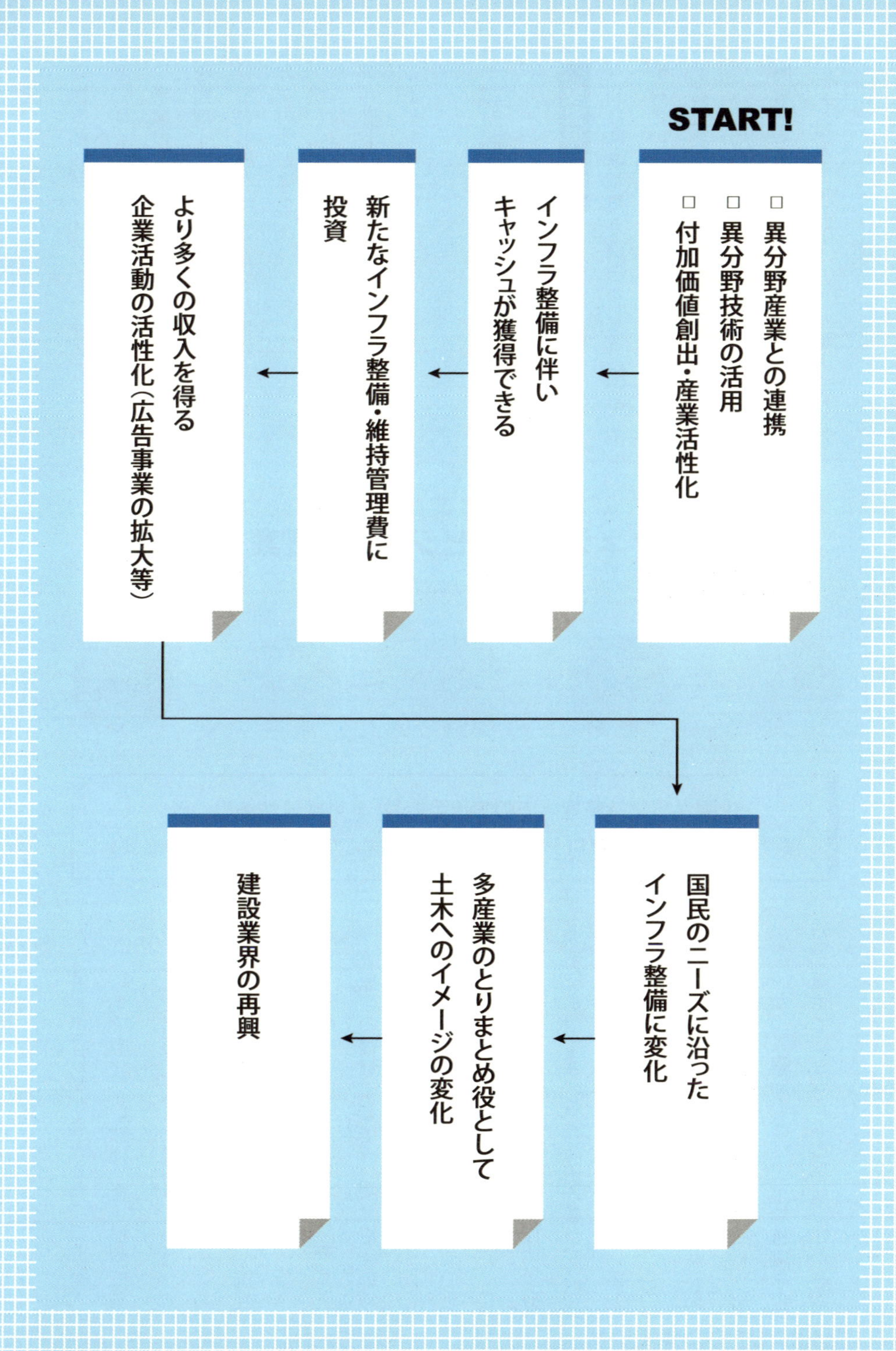
START!
□異分野産業との連携
□異分野技術の活用
□付加価値創出・産業活性化
インフラ整備に伴い
キャッシュが獲得できる
新たなインフラ整備・維持管理費に
投資
より多くの収入を得る
企業活動の活性化（広告事業の拡大等）
国民のニーズに沿った
インフラ整備に変化
多産業のとりまとめ役として
土木へのイメージの変化
建設業界の再興

造物ごとにプロジェクトが進められることになる。

事業の企画段階からプロジェクト全体を監理する第三者が参入することで、異分野との融合による様々な提案を行うことが可能となる。

これらは、他産業との調整など、プロジェクトのプロセスを監理するマネジメントビジネスの存在が重要となる。

二者構造からの脱却がカギ

役割の転換

公共事業を担う役割として、国、県、市町村といった発注者と設計者や施工者である受注者の二者構造として長年機能していきた。しかし最近、東日本大震災の復興事業や東京オリンピックの開催を機に、ＣＭ方式[※2]やＰＦＩ方式[※3]が導入され、新たな事業執行体制が導入されつつある。

これまでの発注形態は、官主導型であり、民が請負に徹して高度経済成長を支えてきた。

しかし、インフラの供給が低迷し、国民のニーズが多様化した現代において、様々な発注形態が導入されつつある。

大震災の復興事業では、東北沿岸地域を一斉に短期間で復旧することが命題になっている。東京オリンピック関連の事業とも重なり、事業の担い手が不足する状況が続く。不調・不落の頻発化は、二者構造によって強いられた価格競争が前提となる契約制度のしわ寄せが来ているとの指摘も多い。

そのような状況下、複雑な復興事業を円滑に進めるためには、各市町村の人材不足やかつて経験のない大規模事業を民が支援する制度として、ＣＭ方式が必然

マネジメントビジネスの提案

【トータルマネジメント】

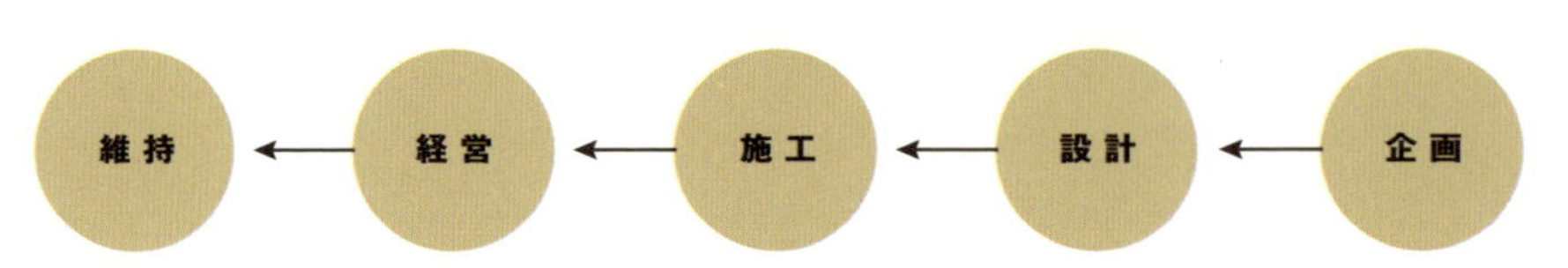

企画から維持管理までの実現可能性、事業継続性あるいは産業間の調整など、プロジェクト全体を見据えたマネジメントが必要。

※2 CM(Construction Management)方式
発注者（行政）が、設計（コンサルタントが担当）、工事（ゼネコンが担当）を独立して発注するのではなく、CMR（コンストラクション・マネージャー）が、技術的な中立性を保ちつつ発注者の側に立って、設計、工事発注方式、工程管理などの各種マネジメント業務の全部又は一部を行う方式。

的に導入されている。

このように、ある種の強烈なニーズに応じて、わが国の発注・契約体系は変化しようとしている。

インフラの付加価値の認識を高めることで、復興事業と同様の考え方を世に広めることが重要と考える。

マクロ的視点

次に、具体的な事業執行構造について考える。

二者構造下では、発注者と設計者、発注者と施工者との契約関係により、それぞれの役割は限定され、事業全体を俯瞰する（できる）のは発注者だけであった。

事業全体を行うマネジメントビジネスを民が展開する場合、ニーズに基づく分析から企画提案することが不可欠だ。これには、あらゆる角度で国民や市民に提供可能な材料を考案できる仕組み（ＰＰＩ：

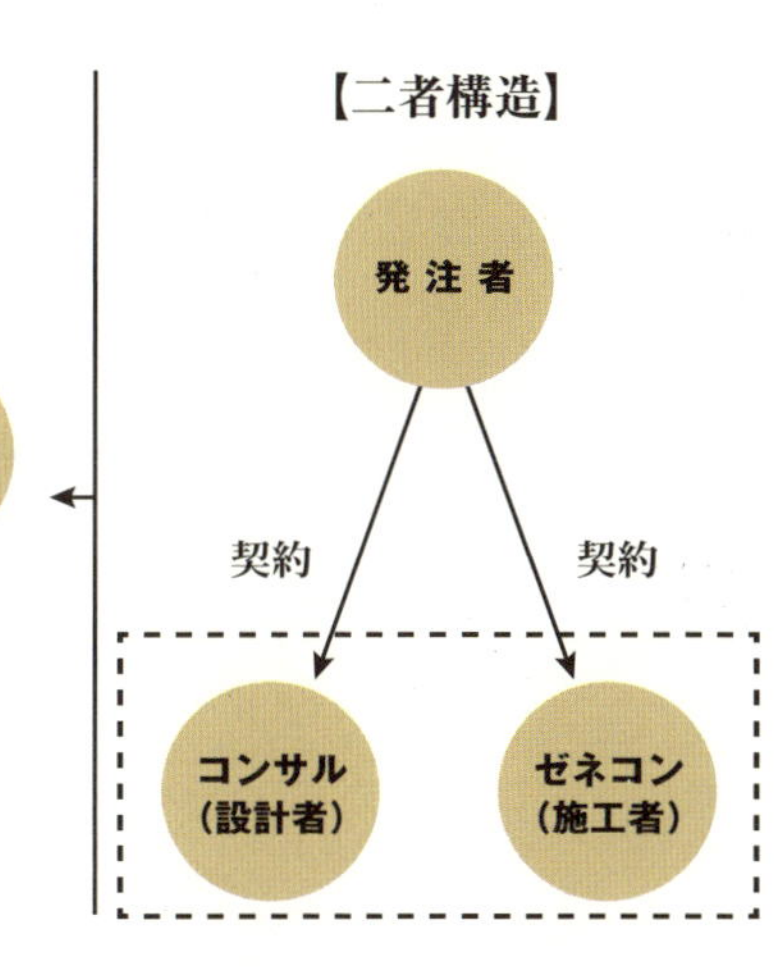

Private Planning Initiativeと呼称）を確立することが必要だ。

ミクロ的視点

事業執行体系の変化によって、地域社会の担い手そのものも変わる可能性がある。

我が国の建設工事では、ゼネコンに一括発注し、さらにゼネコンが専門工事業者や地元建設業者に発注するといった下請け構造による仕組みが一般的であった。この構造により、下請けに工事全部を丸投げする一括下請負や下請重層構造といった弊害に対する対策が国の規制によってなされてきた。

従って、地方部においても大手ゼネコンを元請とした工事が多くなることにより、地元建設業者の衰退を招く懸念が出てきた。そこで、発注者としては地元建設業者を下請として参加させることを発注

※3 PFI(Private Finance Initiative)方式
PPPの一つで、行政の企画計画に基づき、企業群からなるPFI事業会社が資金の調達から施設の建設・運営・維持管理に至るまでの全工程に携わり、インフラ整備を行う方式

要件として組み入れるなどの措置を取っている。

しかしながら、現場の作業には専門工事業者や地元建設業者がなくてはならない存在だ。

契約体系が二者構造から変化することで、専門工事業者や地元建設業者が発注者と直接契約をする、いわゆる元請として活躍できる場を提供することが可能となると考える。もちろん、大手ゼネコンが保有する技術レベルは高く、その技術力を活かした工事が消失することはない。

しかし、今後のインフラ整備の状況を考えた場合、新規の高度技術を要する工事よりも、維持管理を中心とした専門工事業者や地元建設業者が活躍できる場が増えるのである。

地元建設業者・専門工事業者を中心に事業を展開するにあたって、事業全体を

現状の二者構造からの脱却案❶ … マクロ的視点

民(コンサル・ゼネコン)が企画を実施し
市民へ提供する仕組みへ

PPI(Private Planning Initiative)の確立

一体的にプロジェクトに参画

マネジメント

発注者

企画・計画　　企画・計画

コンサル　協力　ゼネコン

設計　　施工

市民

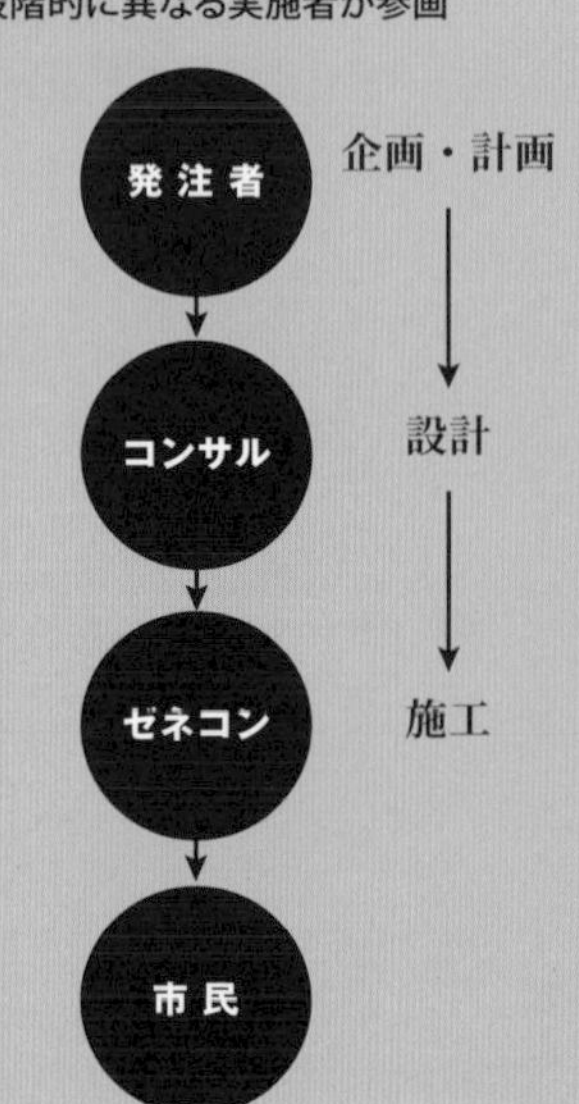

俯瞰してマネジメントを実施する役割が必要だ。複数からなる地元建設業者・専門工事業者が実施する事業のマネジメントを行えば、このような仕組みが確立できるのではないだろうか。

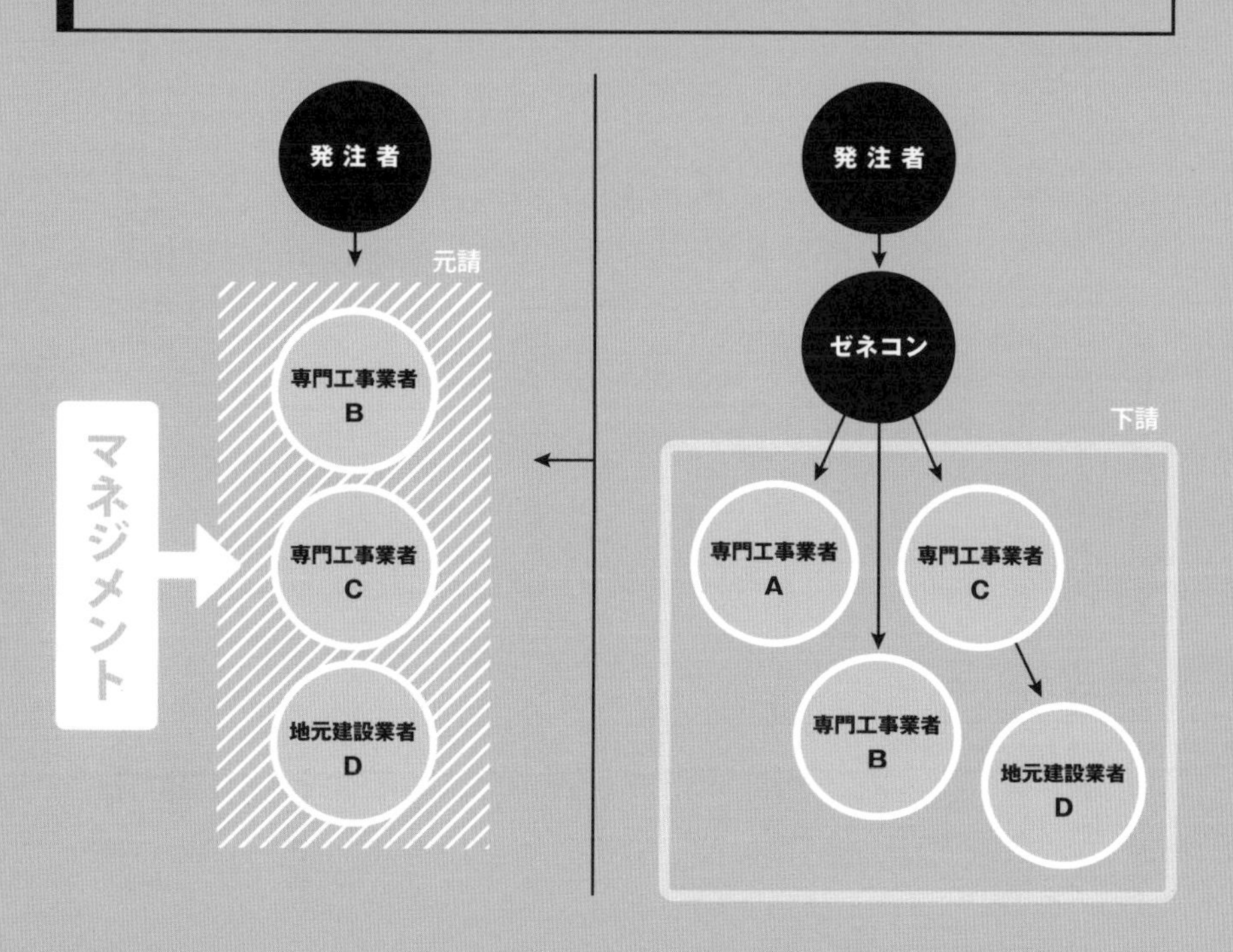

14. 新たなプレイヤーの誕生

ここが MISO！

新しい領域の開拓

他産業との融合

今後の土木事業において、他産業との連携を行うには、土木と建築分野、情報分野、サービス産業、金融産業との連携を行う調整役が必要となる。

これまでは、大型開発を中心として、その役割をデベロッパーや商社が担ってきた。しかし、公共事業を主体とした土木事業では、これまで実施してきた建設に関わる品質や商習慣、入札契約方式などの特殊性から土木技術者が事業統括を指揮することが望ましいのではないだろうか。

もちろん、現状の土木業界は、他産業との結びつきが薄い業界であるだけに、ゼネコン、コンサルタントを始めとし、商社、開発不動産、金融等を取りまとめた新会社として生まれ変わる必要があるのかもしれない。

いずれにしても、土木を中心とした新たなプレイヤーの存在が誕生することで、これらのインフラビジネスの構想が現実となる。

MISOの考案

新たなプレイヤーについて、具体的な組織構造を考える。新たなプレイヤーは、大きく二つの役割を果たす。

一つは、事業に関係する他産業と連携し、ノウハウを事業に反映するとともに、専門会社が事業に参画するための支援コンサルタントとして役割を担う。二つ目は、事業を推進するために、企画から物造り、運営から維持管理の段階まで事業全体を統括する発注者側の役割を持つ。

このように、事業のマネジメントやサービスを専門に行う組織の総称として、「ＭＩＳＯ（ミソという）(Management Infrastructure Service Organization)」を提案する。

事業に関係する分野として、建設関係では土木を中心として建築、造園、農業、機械（設備）などがある。次に、事業運営を

MISO ミソ

Management Infrastructure Service Organization

- ➡ 事業企画、提案、運営管理等のマネジメントを行う事業組織
- ➡ 株式会社あるいは事業組合を想定し、各企業はその会員
- ➡ 地元の多様な専門企業と連携し、専門企業のノウハウを活用。自治体等に企画提案を行う

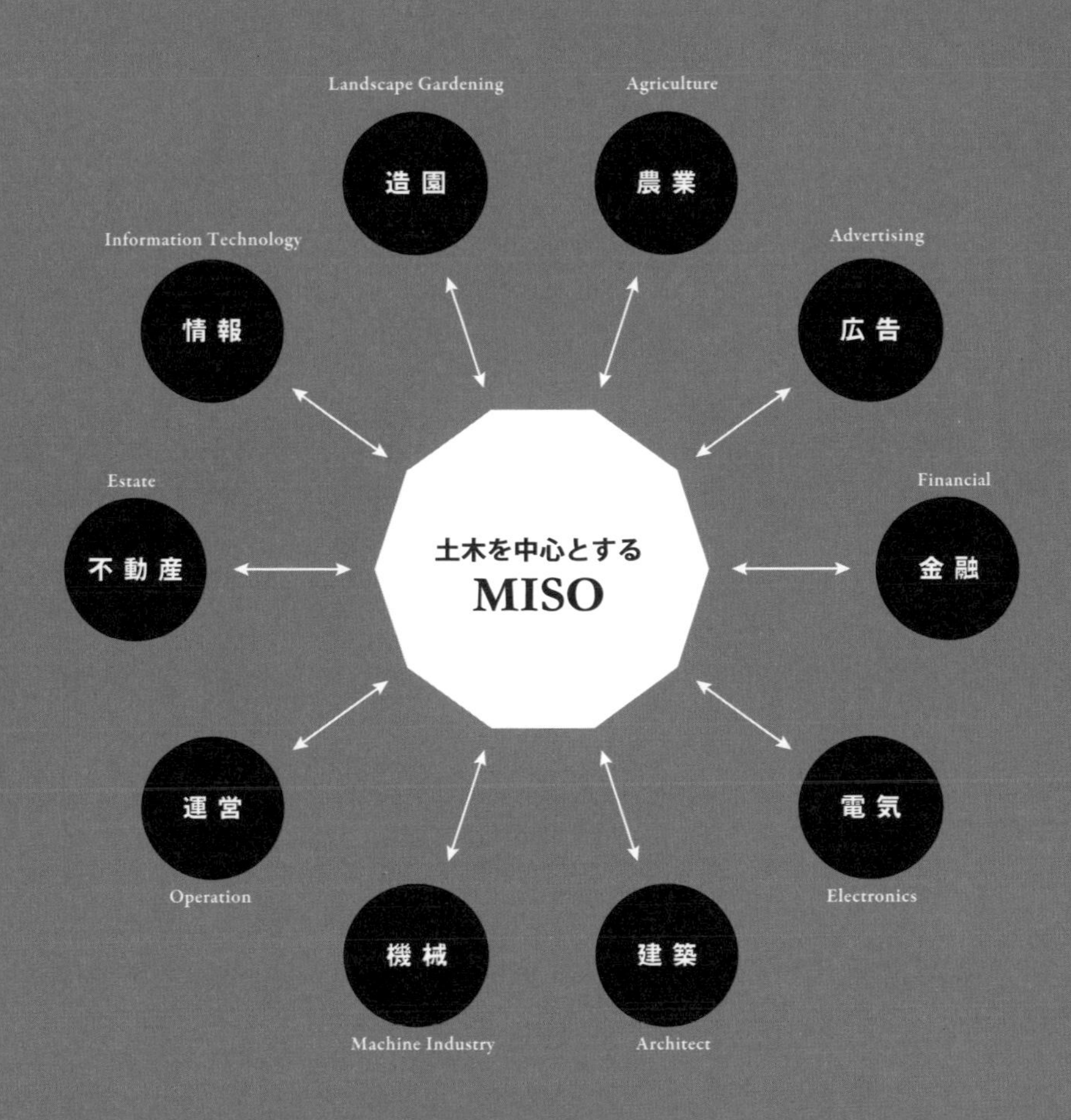

効率的に推進するための、情報関連産業があり、それに付随した電気、機械分野が存在する。また、事業サービスの経営を行うための金融、不動産との連携が欠かせない。その他、対外的な情報発信を行うための広告業も視野に入れておきたい。

ＭＩＳＯのビジネス体系

ＭＩＳＯはこれらの他産業との連携を行い、業として成り立たすビジネスとして一定の収益を得なければならない。

左の図をご覧いただきたい。

ＭＩＳＯは一つの事業団体であり、その会員組織として地域の専門企業と連携する。ＭＩＳＯが行う会員契約は、会員企業（専門企業）が技術力を踏まえ、事業提案を行い、事業が成立した場合には、会員企業が事業実施者として参画することを定めるものであり、会員企業はこれに応じてＭＩＳＯに報酬額を支払う義務を負う。事業参画の手順は次のとおり。

❶ＭＩＳＯは各市町村で行うべき事業や課題に対して、プロジェクトの構想提案を行う。

❷市町村は、プロジェクトの実施に向けて、コンペを開催する。

❸提案の具体化に向け、ＭＩＳＯは会員である地元専門企業のノウハウを結集し、コンペに参画する。

❹コンペの結果、最優秀者として選定された後、発注者（市町村）と事業運営者（ＭＩＳＯ）が事業を手がけることを約束する事業協定を締結する。協定では、ＭＩＳＯは事業監理を行い、市町村とＭＩＳＯの会員団体である専門企業は直接契約を実施することを約束する。

❺ＭＩＳＯの会員企業は事業契約時に成功報酬として一定のフィーをＭＩＳＯに支払う。

❻市町村は、事業実施段階にて、各会社と随意契約を締結するとともに、ＭＩＳＯに対して事業の監理支援業務の契約を行う。

事業監理とは、企画を具体化するための事業計画の立案、事業全体の予算管理、用地確保に関する支援を行うとともに、事業実施段階の設計・工事監理や維持管理など、プロジェクトの全体的な監理や発注者代行としての支援を行う。

この契約体系の特徴は、主体は発注者である市町村と各専門企業（地元企業）であり、ＭＩＳＯは第三者的役割を担うことである。

従って、発注者自身が契約主体となることで、各地域における課題（地元雇用や地域性）を解決できるとともに、地域にお

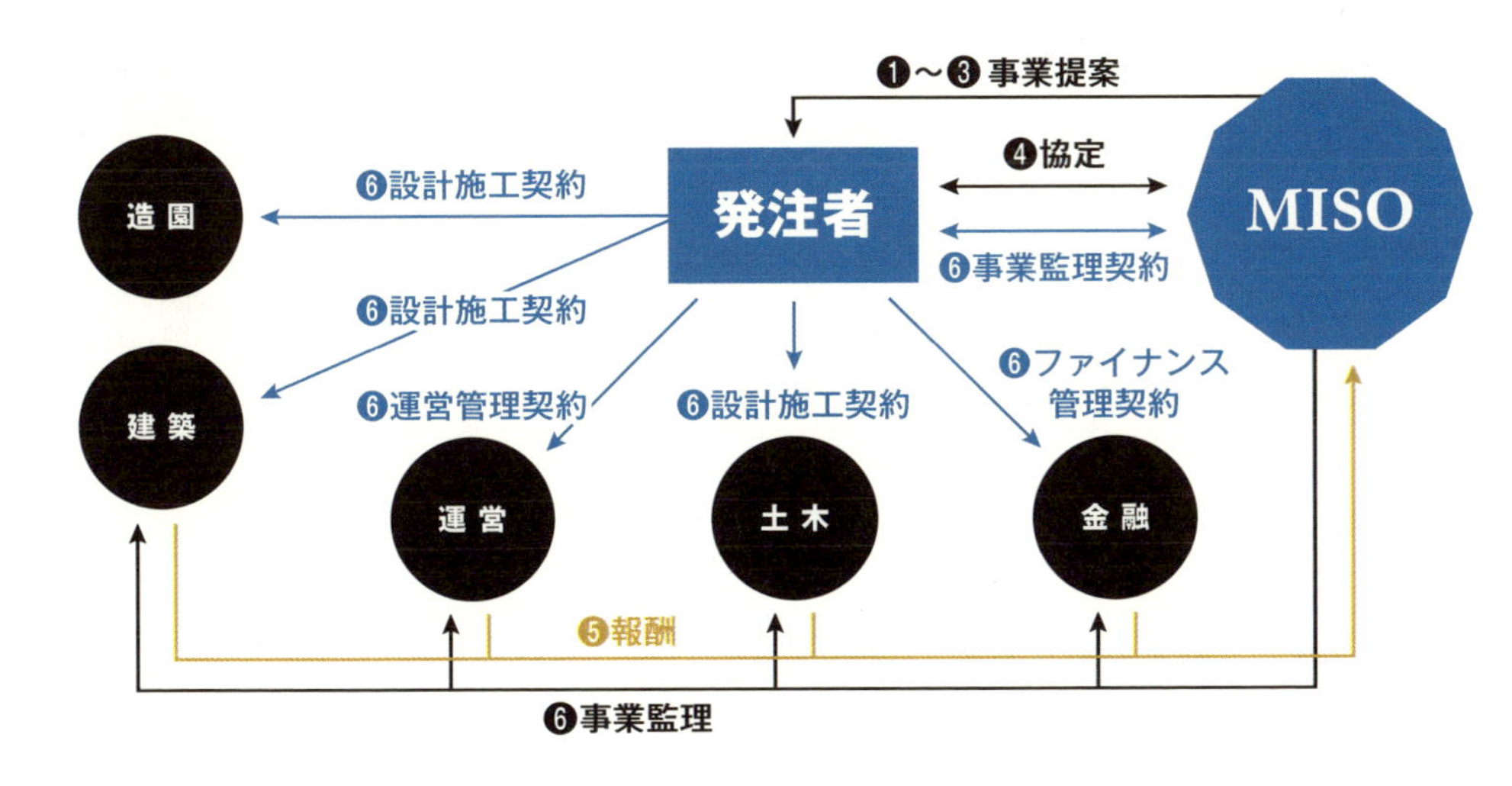

ける繋がりは従来どおりとすることができる。また、これまで、潜在的に保有していた中小企業である専門企業のノウハウを引き出し、事業に反映することが可能となるのである。

土木変革のミソ

さらに、ＭＩＳＯの事業形態を具体化していこう。

組織の形態

ＭＩＳＯは、新たな会社として設立され、マネジメントに特化した会社となる。これは、中小企業から大企業まで含めた新たな業態として確立することを想定している。会社の設立形態は、事業組合でも株式会社でもよいが、収益性が成り立つことを前提とする。

企画提案の仕組み

ＭＩＳＯは、事業そのものの運営を含めた企画・提案を行うものであり、事業採算性を伴うファイナンス管理も実施する。

また、既存する個々の専門企業が持つ技術（提案）をＭＩＳＯがとりまとめて事業を行うため、中小企業の支援的な役割も担う。我が国の中小企業では、際立つ技術力あるいは技術者を保有していたとしても、有効に活用する技術（企画力）を持ってないことが多いため、ＭＩＳＯが支援する。

各企業が持つ個別の技術をとりまとめるため、中小企業がこれまで市場に出せなかった技術を活用することができる。

また、その固有の技術力を活かした提案をすることで、提供する構造物が地域に応じた「特別なもの」に変貌する。

ＭＩＳＯは、事業が成立した時点で、各

専門企業からの報酬（フィー）をもって企画・提案を行う。

従って、発注者は従来とおり、企画提案に対してのフィーを支払うことはない。また、MISOは企画提案のフィーを各企業から報酬として受けるため、提案そのものを対価とすることができる。

事業執行体制

事業を実施する段階で、発注者は個別企業と工事契約するため、発注者の監督責任は現行とおり存在するが、実質的な監理はファイナンス管理を含めてMISOが行う。

従って、従来の縦割りの行政機関では成し得なかった、他産業に跨る複数の企業をとりまとめることが可能となるのである。

また、事業執行段階では、MISOと個別企業との契約関係が実質上、存在しないため、MISOが、第三者としての立場を保持し、客観的な透明性を確保できる。

MISOによる暮らしの変化

MISOによる事業執行形態は、人々の暮らしの変化をもたらす。

①職人の創出

地元専門会社の提案、ノウハウを取り入れることで、地域に精通した職人の技術を活かした提案が可能となる。また、職人技術の進化を後押しする。

②シニア、女性が活躍

MISOの事業形態はグーグル等と同様、企画提案を自ら作り出すことが可能となる。

従って、女性の持つアイデアやシニアの持つ総合管理力が活かされる。

少子高齢化と呼ばれる時代であるが、時代のニーズを汲み取る方法として、労働主役にも変化が必要だ。

③市場原理に沿った市民参加

公共事業に事業運営を取り入れることで、市場原理に応じて市民の意見を取り入れることができる。

ニーズに合わない事業は自然的に淘汰されることで、ニーズと合致する事業のみが実現可能となる。ハード機能である土木構造物自体は、プラットホームとしての役割を持つので、箱の中身、すなわちソフトがニーズに沿って変化することとなる。

④収益性担保

発注者にとって、企画提案にかかる負担は無い。また現在よりも高価な構造物となったとしても、運営資金によって収益が生まれる。

⑤ 地域活性化

公共構造物を安価に民間に貸与することで、地元企業の誘致を図る。結果、地域の活性化に貢献する。

実現可能性

将来ビジョン特別小委員会が立ち上がって、既に2年半が過ぎようとしている。土木業界は、凄まじいスピード感を持って変わろうとしている。実際、当初、委員会メンバーで議論していた方策や契約形態など、現在既に実行されていることもある。

また、２０１４年６月、品確法という契約体系の根幹となる法律も改正された。これは、従来の契約体系である二者構造に限定されることなく、地域性あるいは実情に応じた契約を可能とするものである。

想像以上に時代のスピードは速い。本書の内容は３０年後の将来を意識しているが、さらに早く実現する可能性も否定できない。

国民の土木に対する不満はニーズに変わり、我々土木人が表舞台に立つ日も遠くないのではなかろうか。

writer 堀 仁 [株式会社建設技術研究所]

輝ける土木技術者に

我々は、バブルの絶頂期を知らぬ間にこの業界に足を踏み入れた。その後、年々、公共事業は減少し、自らの将来への不安を抱いたこともある。だからこそ、我々自身が将来の土木ビジョンを描かなければならない。
土木は実に奥が深い。発想力や直感的思考力のみでは完結し得ない特殊な産業である。だからこそ、業界人である産官学の技術者とインフラの使い手である国民が一体となり事業に参画する必要性を感じている。税金によって成される国土形成が、万人の満足に繋がるような究極の土木を追求していきたい。

15. 土木の未来ものがたり

ドボク
2045

ここでは、人文社会科学の分野で用いられる「物語描写」の手法を転用し、土木の将来を考えてみる。物語の描写は「（有意味な終点に向けて）諸出来事を取捨選択し構造化した」ものであり、知識を効率よく伝えたり、国や地域をよりよい方向に向かわせるなどの点で、有用性が見出せると言われている。ここでは、土木のハッピーな未来予想を広く共有し、土木技術者一人一人がその未来の実現に向けて行動することを期待したい。

2045年の未来予想　ハッピー編

２０２０年の東京オリンピックでは、日本史上最多メダル獲得数や、日本の「おもてなし」精神による訪日外国人による高い満足度獲得など、大成功におわったことは記憶に新しい。そして、その成功の裏には、コンパクト&スマートシティの形成や、ストレスフリーな交通アクセスなどの社会インフラ整備で大会を後押しした『ドボクの力』があった。

一方、２０４５年現在、数年後の発生が確実視されている首都直下型地震、東南海・南海地震などの大規模災害への備えも盤石だ。２０１１年の東日本大震災以降、東京に一極集中した都市機能の分散化や、道路ネットワークの多重性確保、国民一人一人の防災意識の強化などといった国土強靭化政策が、国土づくりの「一丁目一番地」として強力かつ継続的に進められてきた。

さらに、２０１２年の笹子トンネル崩落事故に端を発したインフラ老朽化対策も進んでいる。この背景には、国民の安心安全なくらしを後世に引き継ぐという、社会インフラ本来の価値が見直された結果だ。

…このように、２０４５年現在では当たり前のように『ドボクの力』『ドボクの

2045年の未来予想

HAPPY編 ハイライト

HAPPY その1

2020年東京オリンピックに際し

コンパクト＆スマートシティの形成やストレスフリーな交通アクセスを実現し世界に日本の成長した姿をアピールしている！

HAPPY その2

国土強靭化政策の推進により

都市機能の分散化や道路ネットワークの多重確保など防災・減災対策が継続的に進められている！

HAPPY その3

インフラ老朽化問題に対して

インフラの適切な維持管理や新技術の開発により国民の安全安心なくらしを強力かつ効率的に支え続けている！

Doboku is COOL!!

みんなの憧れ!!

イラスト：しもだあきこ（studio carmine）

価値』の重要性が国民のコンセンサスを得ている。しかし、一昔前のドボクを取り巻く世論は、ドボクの悪しき一面のみをフォーカスし、あたかもすべての「ドボク（公共事業）＝ムダ！」といった、公共事業不要論が多数を占めていた。ドボク界全体は閉塞感に覆われ、まさにドボク冬の時代であった。

しかし、東日本大震災による防災・減災に対する社会的要請の高まりや、アベノミクスによる公共事業への積極的財政出動、東京オリンピックの招致成功など、2015年当時はドボク界にとっては旧態依然の体制から脱却する大きな転換期を迎えていた。

その時期を境に、ドボク界は確かに変わっていった。

それ以前の閉鎖的なイメージを払拭するため、地道に粘り強く国民に対してインフラ整備の重要性・価値を正しく広報・教育を展開してきた。業界内外一体で土木広報PR部隊を結成し、広報活動を強化したり、小中学校教育の中で「国土学」を取り入れたのがその主な取り組みだ。

また、我々は日常のくらしの中で当たり前のように道や橋などのドボク構造物を利用する。その着工から完成までのプロセスまでも身近に感じてもらえるよう、工事現場をスケルトン化するなどの取り組みも進められた。こうした取り組みにより、国民は日常のくらしの根底にドボクが深く関わっていることを再認識することとなった。

そして国民は徐々にドボクの力、価値を再認識し、現在では国民から信頼を得た産業として成立しているのである。

世論の追い風のもと、政策面では長期的な視座に立った国土づくりを基本に、

3 金融・IT・通信・機械・製造……異分野企業との連携で全く新しいイノベーションを巻き起こす！

4 災害現場に早く駆けつけ、道路啓開・人命救助活動。ドボク技術者は、地域の『防人』として活躍する！

最適な公共調達として、包括的、複数年度、技術重視の入札契約制度改革が進められた。また、政府の積極的な財政出動、公共事業費の長期的・安定的な確保を背景に、大手企業は安心して新たな技術開発投資、人材育成投資を進めることが可能となった。その代表例が、金融・IT・通信・機械・製造などの異分野企業との連携によるイノベーションだ。これは、コモディティ化し、価格競争の様相を呈していたドボク技術を一新させたほか、従来の請負によるインフラ整備だけでなく、民間企業自らがインフラ事業を創造し、事業化のための資金調達を行い、インフラビジネスを展開するという新たな市場を生み出すこととなった。

一方、地域企業においては、東日本大震災以降の幾多の自然災害に対して先陣を切って現場に駆けつけ、道路啓開や人命救助活動を行ってきた。その様子が広報PR部隊の創設で強化されたドボク広報で広く国民に知られるようになった。そのおかげで災害大国日本の中で地域の『防人』としての役割を担うべき存在として広く国民から認知されることとなった。そのことは、暮らしを担う企業としての存在価値を高めることとなった。

このように、2045年のドボク界は技術者一人一人が国民の安全安心で豊かなくらしを守っているという誇りを胸に働いている。そして、そうしたドボク界への入職希望はナンバー1の地位を確立している。

HAPPYストーリーを実現させる **ドボク技術者の努力と挑戦**

1 **国民にインフラのを正しく伝えるべく土木広報PR部隊を結成！**

2 **インフラが出来上がるまでのプロセスを身近に感じてもらえるよう工事現場を丸ごとスケルトン化！**

２０４５年の未来予想　バッド編

２０１５年当時、ドボク界は確実に世論の追い風を受けていた……。しかし、ドボク界は旧態依然の『請負』、『縦割り』、『閉鎖的』な状況から変革できなかった。多様化する社会的要請、エネルギーや食糧、水、防衛といった国家的リスクに対して国土づくりの根幹を担うドボク界はそれに応えるだけの技術・サービスを持ち合わせていなかった。

その結果、２０４５年現在のドボク界は、国民から信頼を得るにはほど遠い存在である。

公共事業費の増額もなく、国民の生活を守り、国際競争力を高めるために必要なインフラ整備はほとんど行われることはない状況である。わずかな予算は、膨大な老朽インフラのうち、いつ事故が起きてもおかしくないような危機的な道路、橋梁にのみ限定された維持管理対策に使用されているのが実態である。

そのため、メンテナンス不全で老朽化したままの道路や橋梁の崩落事故等が後を絶たない。その様子は、連日のニュースで放映され、国民の不安はピークを迎えている。さらに、災害大国でありながら、防災・減災対策が行き届かず、数年後には確実に起こるであろう大震災の脅威に怯えながら生活せざるを得ない状況となっている。

さらに、ドボク関連企業は、新たなイノベーションのための技術開発への投資や、人材確保・技術伝承への投資が進まず、本来国民のくらしを守るべきインフラ整備において、品質の低下が社会的問題となっている。

地域企業の状況はもっと悲惨で、わずかな公共事業をダンピング、低価格で受注する以外に生き残る道はなかった。そのため、多くの企業は廃業に追い込まれた。そして、もし大規模災害が起きても道路啓開のための重機もなければ、先陣を切って人命を守るべきドボク技術者も存在しないという地域が多く存在するのが実態である。このようにドボク業界は、衰退の一途を辿っている。

2045年の未来予想

BAD編 ハイライト

ドボク界は旧態依然の『請負』、『縦割り』、『閉鎖的』な状況から変革できず

**国民のニーズに応える
新たな技術・サービスを提供できず、
国民から信頼されていない**

国民の信頼もなく公共事業費は削減の一途……

**メンテナンスが不完全で、
道路や橋などの崩落事故が後を絶たず、
国民は災害の恐怖に怯える日々を送っている**

地域企業の状況は都市部以上に悲惨な状況下にあり

**多くの企業は経営難に追い込まれ、
災害時における重機などの備えもなければ
先陣を切って活動するドボク技術者もいない**

Doboku in **PINCH!!**

このままではいけない!!

イラスト:しもだあきこ (studio carmine)

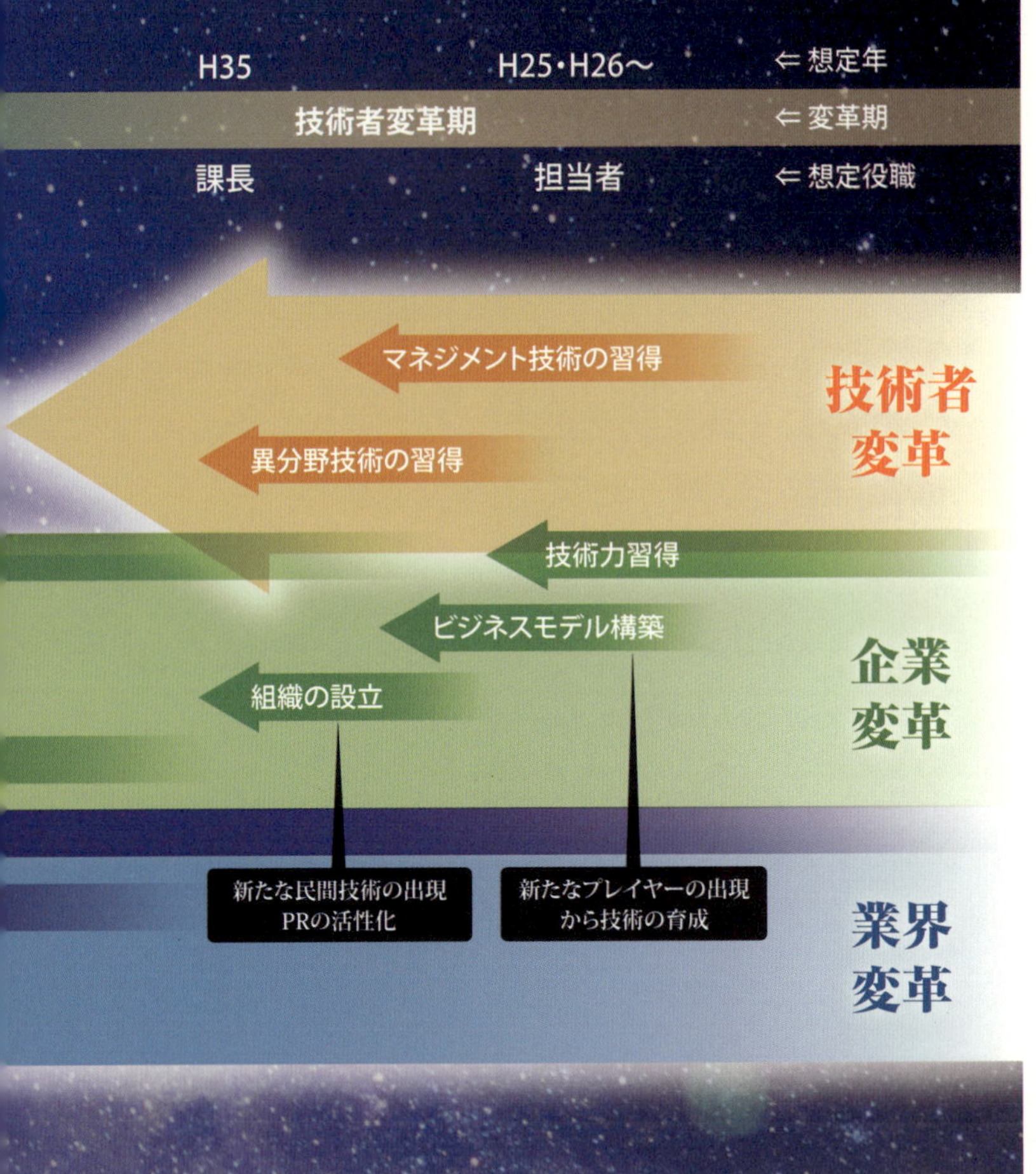

16.

今後の道筋

次代へのロードマップ

我々が今後すべき事

これまで、土木業界の歴史、課題、我々の思い描く業界のビジョンについて述べてきた。では今後土木業界は具体的に何をして課題の解決し、理想の実現に向かっていけば良いのであろうか。

土木業界全体として今後の方向性を考えることはもちろんのこと、土木業界を構成している各企業、各企業を構成している技術者などの各従業員と、階層別に考えてみる。それぞれの階層で何をすべきか。読者の皆さんも考えてみて欲しい。

「技術者」がすべきこと

変革を成し遂げ常に前進し、『土木』を未来へ繋げていく。

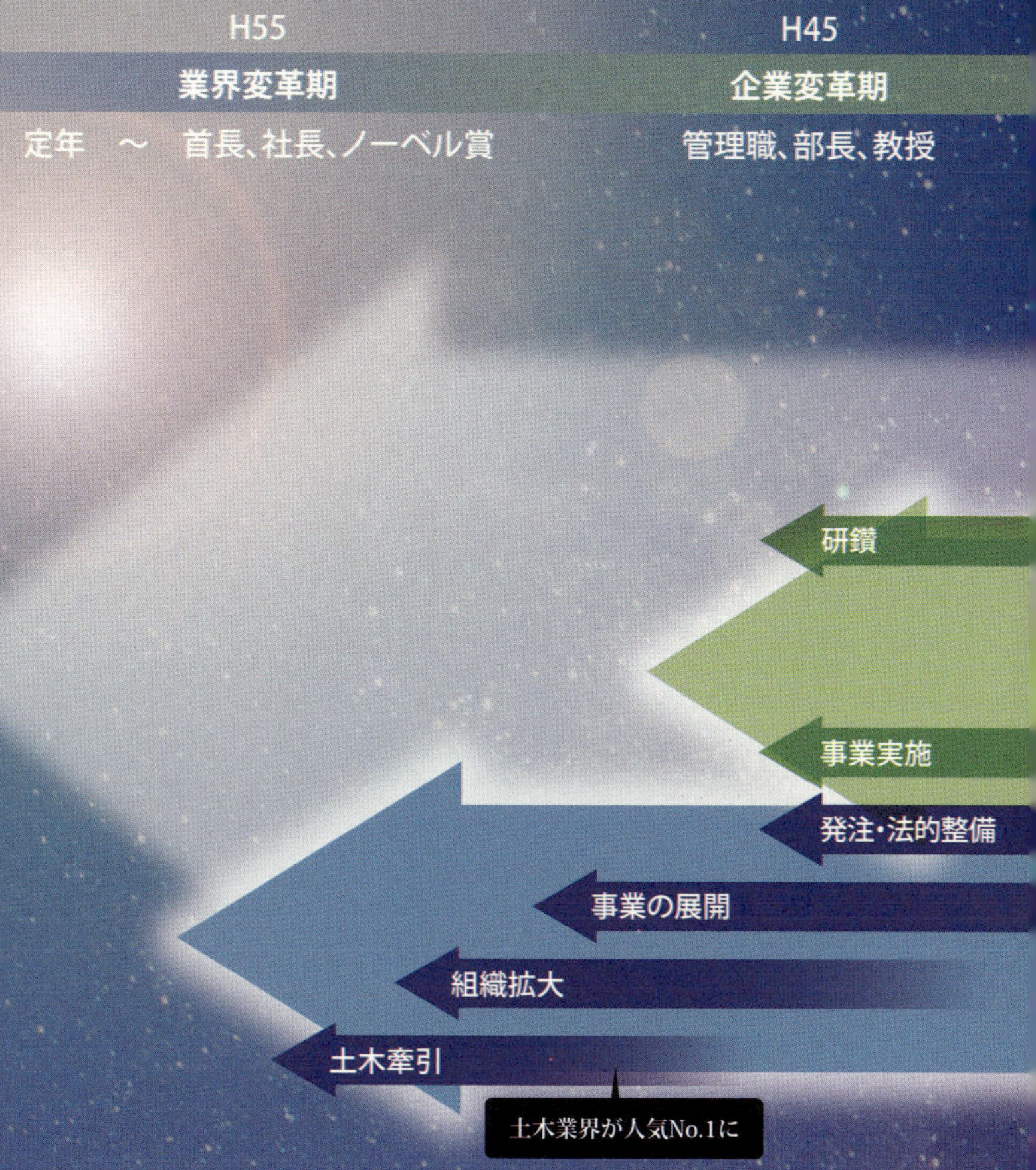

H55
業界変革期
定年　～　首長、社長、ノーベル賞

H45
企業変革期
管理職、部長、教授

研鑽
事業実施
発注・法的整備
事業の展開
組織拡大
土木牽引
土木業界が人気No.1に

技術者・企業・業界という異なるフェーズの中で、業界を構成する最小単位である「技術者」が何をすべきかについて考察してみる。「技術者」を考える上で産・学・官のどの立場かによって必要な能力は若干変わってくるものの、共通して必要な能力は多い。

例えばマネジメント能力。当たり前であるが、工事は技術者一人だけで出来るものではない。設計、施工、関係協議の調整など、多くの人たちが協力することで、一つの工事を完成させることが出来るのである。

ここで大事になってくるのがマネジメント能力である。「自分は指示する立場でないからそんなこと考えなくていいや」「現場監督の言うことだけ聞いておけばいいんでしょ」という意識であったらそれは大きな問題である。誰しも経験を積んでいけば後輩に指示をする立場になるだろう。もしそういった立場で無い場合でも、現在の作業をどのような手順で何に注意して行うべきか個々人で把握し、全体で共有しておくことは、工事の迅速化や事故の発生防止などに大きな助けとなるであろう。自分自身のマネジメントする能力、組織全体を動かすマネジメント能力など一言にマネジメントといっても明確な定義は難しい。

ただ一つ言えることは、マネジメント技術を磨くことで個人・組織として業務の効率化に役立つということである。

明確なビジョンが業界を変える

現在においても、企業が独自に社内研修などを実施しているところもある。しかし、やらされている研修では意味がない。「好きこそものの上手なれ」という言葉があるように自発的に学ぶ意識を持つことが重要である。

今後土木業界は様々な変遷をしていくであろう。そういった変遷に対応するためにも、個々人のマネジメントに対する意識付けは大切である。明確なビジョンをもって、個々人が必要な技術を身につけていくことによって、業界を正しい方向へ変えていかなければならない。

当然、土木業界だけでなく、他業種の動向に留意することも重要である。土木業界の動向のみをみていても、他業界のトレンドに乗り遅れることにつながり、「土木業界は閉鎖的だ」などと言われてしまう。そうならないためにも他業界のトレンドが土木業界にどう影響するか、むしろ「どう利用できるか」と、先を見据える

技術者変革

マネジメント技術の習得、提案

- マネジメント技術を習得するために、委員会、講習会等を立上げ、専門技術者の拡大を図る。

↓

異分野技術者との対話、技術習得

- 土木以外の異分野技術を活用した具体的な事例、知識を習得（財務、法律、その他専門技術等）

土木技術者の役割	マネジメント手法を活用するため、専門技術を高める必要がある。産・官・学で資格や研修会などを活発化し、マネジメントに特化した分野を確立。

事ができれば今後、土木業界のマーケットを拡大していく可能性を秘めている。

マネジメント能力を向上させ、他業種の動向等を踏まえ、我々土木の技術者として、資金面、技術面、安全面など、工事の多角的な要素を最適な組み合わせによって良いものを作り上げていくこと、これが肝要である。

「企業」がすべきこと

技術者個々人が育っていくことは大事である。しかし、その技術者の能力を十分に発揮できる土壌が無ければ宝の持ち腐れになってしまう。

サッカーを例に取ると分かりやすいだろう。どんなに良い選手をかき集めたところで、チームとして戦術がはっきりとして個人の役割が明確になっていなければ、選手は十分に力を発揮することは出来ない。企業＝チーム、技術者＝選手なのだ。選手が十分に力を発揮できるチーム作り（もちろん育成も含めてだが）が今後の土木業界の成長を決めると言っても過言では無いだろう。では企業は何をすべきなのか。

企業が仕掛けて事業を作る

現在の土木業界は基本的に国や県、市町村の発注を請け負って業務、工事を行っている。当然、発注者側で決められた金額のなかで仕事をするため、企業が仕事を増やそうと思ったら公共発注者が出す工事などを多く取るほか無い。現在、建設業界の景気は上昇傾向と言っても、公共発注者の出す業務・工事には限りがあ

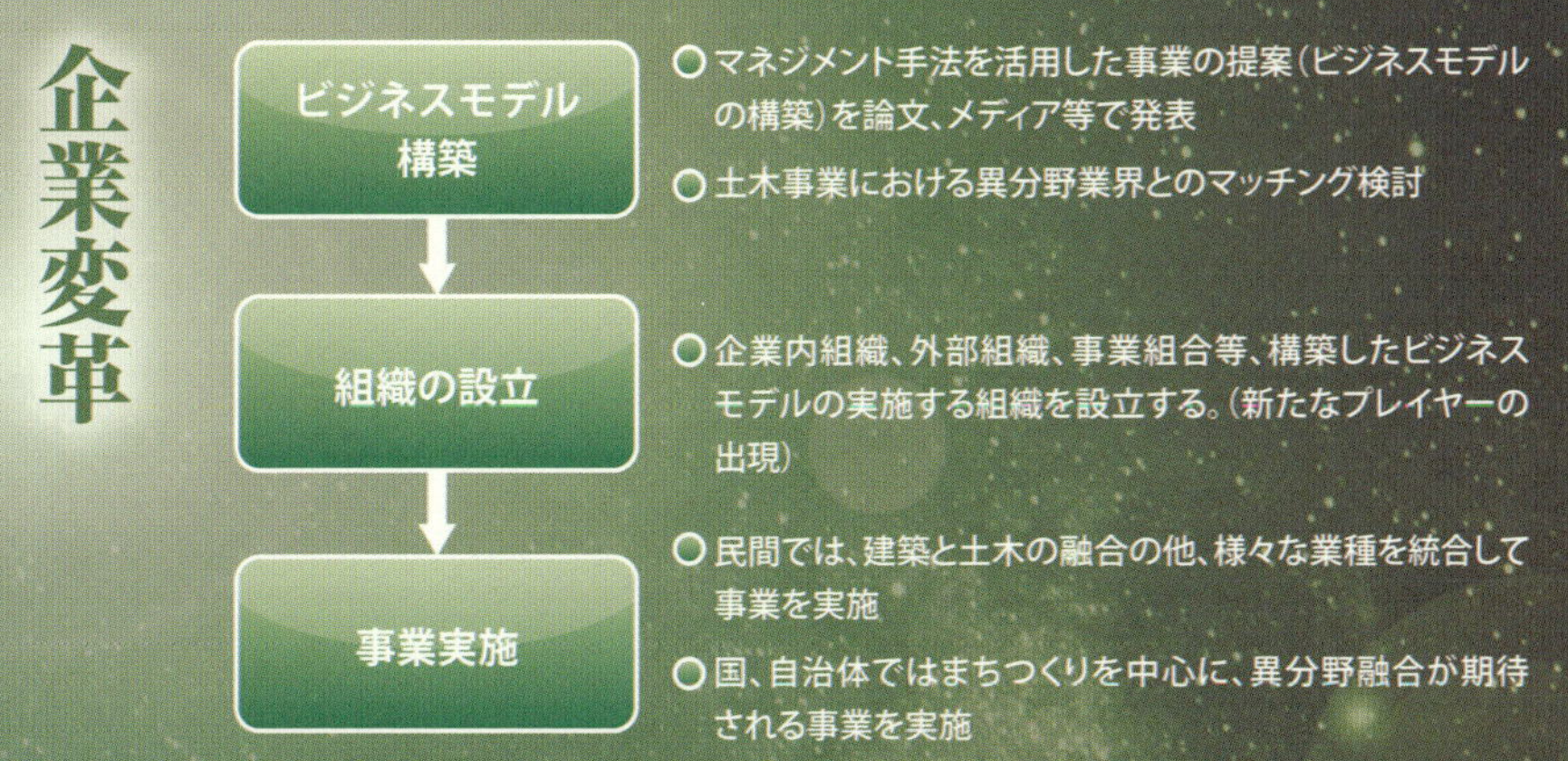

企業変革

ビジネスモデル構築	○マネジメント手法を活用した事業の提案（ビジネスモデルの構築）を論文、メディア等で発表 ○土木事業における異分野業界とのマッチング検討
↓ 組織の設立	○企業内組織、外部組織、事業組合等、構築したビジネスモデルの実施する組織を設立する。（新たなプレイヤーの出現）
↓ 事業実施	○民間では、建築と土木の融合の他、様々な業種を統合して事業を実施 ○国、自治体ではまちつくりを中心に、異分野融合が期待される事業を実施

る。

ならば受注者である企業が自ら事業を作ってはどうか。例えば、土木×○○のように他業種とコラボするもよし、マネジメントに特化した企業を立ち上げ、現在手薄となっている市町村の発注者を支援するもよし。今までの既存の枠組みにとらわれず企業が積極的に行動し、抱えている技術者を有効に活用出来る方法を考える。これがのちのち、やりたいことが出来る「土木」としての魅力に繋がっていくのではないか。

「業界」がすべきこと

先ほどのサッカーを例に取ると『業界』というのはサッカーというスポーツそのもの。地域の枠組みなど(＝産・官・学)関係なく、業界をあげて各チーム(＝企業)が動きやすくするために、時には黒子として、時には矢面にたって土木という業界を導いていかなければならない。

業界としてすべきことは、今、企業が直面している課題を汲み取り、代表として声に出して発言をしていくことである。もし制度面に問題があるのなら、制度設計をしている行政に対して発言し、現状の改善を求める。もちろん、国も土木の現在の状況を鑑み最適な政策を行う。現在の発注制度は発注者の定めた仕様を受注者が施工するものが大半である。受注者がこんなデザインで作りたい、こんな最新の設計を取り入れたい、と思っても、そのようなニーズになかなか応じることがしにくい状況である。こういった課題を産・官・学共同で発注の仕組みや法的整備を実施することで、国・自治体で新たな手法が展開されるのではないだろうか。

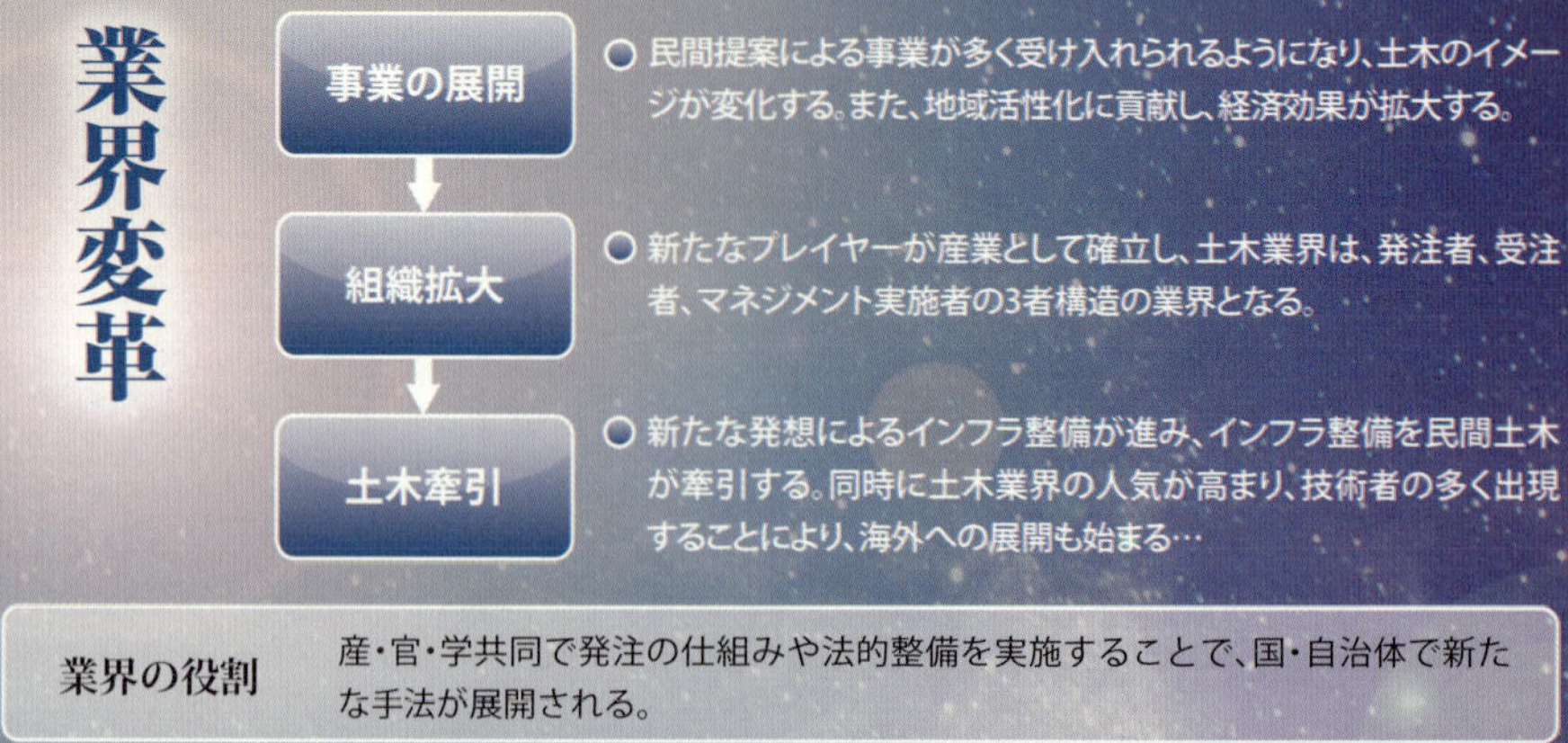

業界変革

事業の展開
- 民間提案による事業が多く受け入れられるようになり、土木のイメージが変化する。また、地域活性化に貢献し、経済効果が拡大する。

↓

組織拡大
- 新たなプレイヤーが産業として確立し、土木業界は、発注者、受注者、マネジメント実施者の3者構造の業界となる。

↓

土木牽引
- 新たな発想によるインフラ整備が進み、インフラ整備を民間土木が牽引する。同時に土木業界の人気が高まり、技術者の多く出現することにより、海外への展開も始まる…

業界の役割	産・官・学共同で発注の仕組みや法的整備を実施することで、国・自治体で新たな手法が展開される。

すると、民間提案による事業が多く受け入れられるようになり、土木のイメージが変化する。また、地域活性化に貢献し、経済効果が拡大する。新たなプレイヤーが産業として確立し、土木業界は、従来の発注者、受注者の2者構造から、発注者、受注者、マネジメント実施者の3者構造の業界へと生まれ変わる。

こういった取り組みによって、新たな発想によるインフラ整備が進み、インフラ整備を民間土木が牽引する。同時に土木業界の人気が高まり、技術者の多く出現することにより、海外への展開も始まるといった正のスパイラルが始まる可能性を秘めている。

点と点をつなげる→線に!

技術者・企業・業界それぞれについて述べてきたがそれぞれが独立しては効果が薄い。技術者のマネジメント能力をはじめとする様々な技術の向上、各特徴を持った技術者を生かす事が出来る企業内の組織整備、各企業の取り組みを支援できるだけの業界整備、これらが一体的に動いてこそ今回描いたロードマップが効果を発揮するのだ。

歩みを止めるな!

これらの取り組みが軌道に乗った場合でも気をつけなければならない。継続して改善を行う事が次へ次へと繋がっていくのだ。歩みを止めたらそこで負けだ。今の時代は甘くはないのだ。やるかやられるか、決めるのは我々自身であることを自覚しつつ明確なビジョンを見据えて前進していかねばならない。

writer 田嶋 崇志 [国土交通省 関東地方整備局]

災害から国民を守り、未来にいいもの残す

子供の頃、災害を目の当たりにし、人々の生活、命を守りたいと思い、土木業界に入る。当初は人員構成のアンバランスさ(30代後半が若手と言われる業界…)等に衝撃を受けるが、土木の仕事が生活を便利にすること、住民の生活の安全を確保すること等、生活に直結する重要な業界だと再認識。
3年目でまだまだ駆け出しを脱しないところであるが、「土木に携わり、人々の生活を安全に、そして豊かしたい」という入省からの信念を持ち続け、少しでも国民の生活に寄与できるように職務に励んでいきたい。

目指せ！無事故・無災害

アニメキャラクターで注意喚起

前田建設の前田建設ファンタジー営業部という広報活動で、アニメ作品「宇宙戦艦ヤマト2199」の「ヤマト建造および発進準備工事」を検討したのがきっかけとなり、同作品スタッフと工事看板等の主要メーカーであるつくし工房がタイアップ、現場内向け工事看板に同作品キャラクターを使用し、販売されている。

これにより単調になりがちな工事看板に注目を集め、効果的に安全意識を引き出す狙いがあり、工事現場のイメージアップにもつながることが期待されている。

【記事提供：前田建設工業株式会社、一般社団法人 日本建設業連合会 広報委員会】

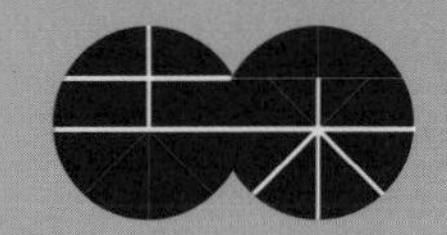

4

暮らしを支える土木の未来

座談会②

100年後も
安全・安心

暮らしを支える土木の未来

「これから」を担う技術者たちが熱い想いをぶつけ合う!!

座談会② セクション

1. 今の土木の役割とは
2. 未来の土木の姿
3. 明日からこうする！

開　会

郷田（司会）　座談会テーマ「１００年後も安全・安心～暮らしを支える土木の未来～」ということで、我々が考える土木の未来についていろいろなお話を聞きたいと思います。これまでの土木を振り返り、これからの土木、それに対する若い世代の進むべき道について、皆さんの思いをこの場で熱くぶつけていただきたい。どうぞよろしくお願いします。

1 今の土木の役割とは

郷田（司会）　まず、現状として土木が担っている役割について聞かせてください。

布川　社会基盤をつくるということですかね。経済基盤であったり、安全な社会をつくるという話もありますが、安全で安心なインフラをつくって、それを運営していくのが土木の役割かなと思っています。

砂田　私は北海道の札幌で建設業を経営していますが、社会基盤づくりという点は変わらないです。ただ、札幌はもちろん、特に北海道の地方部においては建設業が地域の守り神的な役割を果たしているケースが非常に強いかなと思います。

大西　もちろん、都市の安全とか生活のインフラをつくっているという役割を果たしてきている一方で、あえて問題提起するのであれば、建設業が国や地域の雇用調整や景気対策のための政策的道具として政治的な位置づけにあるという側面は否めないと思いますね。別にそれが良いか悪いかを問う問題ではなくて、土木を担う建設業の役割としてということであれば、そういう側面もあったのだと思います。

植松　これまで、土木は暮らしの中心にあって、インフラ整備という形で社会貢献してきました。しかし、これからも同じようなポジションで居続けられるかと言ったら、必ずしもそうではないのかもしれない。今、国民や社会からみて、道路や橋などのインフラを整備することがどのように映っているのかに関してもいろいろ考える必要がありますね。

菊田　そもそも、国民に土木の役割を伝える機会が少しずつ減ってきたかなという部分はありますね。もう国民の中で道路が欲しいとか橋が欲しいというのは少なくなり、今は飽和状態だと思われており、生活していく上での土木の役割や必要性が伝わりにくくなっているんじゃないかな。

堀　私は、高度経済成長期においてはそうした土木の役割や必要性が国民に伝わっていたと思います。というのは、土木というのはインフラ整備イコール社会貢献と思われてきたんですよ。それは、高度経済成長期ではインフラ整備することによって、当然経済がどんどん活性化されて、それが国民、市民に対する利益として、目に見えて還元されていたからです。

伊藤　戦後復興期から高度経済成長期の前半にかけては、もともと世の中に道路や橋、上下水道などのインフラが少なかったからですよね。

堀　そうです。とにかくインフラをつくることによって経済がどんどん良くなり、生活が豊かになっていった。これはまさに社会貢献と言っていいと思うのです。

砂田　昔はわかりやすくて、ゼロから造ることで、みんなに感謝されるので、こちらとしては、細かい説明をしなくても受け入れられてきた。だけど、これだけいろいろなインフラができてくると、「では、今から新しくつくるインフラが本当に何の役に立つのか」とか、「要らないのではないか」という意見も出てきちゃうのですよね。100人が100人、欲しいというものをつくるのは簡単なのだけれども、半分半分とか、6・4ぐらいの割合のものを説明して造っていくというのが、必要な場合もありますね。

堀　土木というのは、そもそも国民の税金でつくるものです。これに求められるものは絶対的な公平性なんです。もしも、4人が反対していて、6人が賛成しているとすれば、これは公平性が保たれるという状態ではない。その中で、いかに公平性を担保した構造物、まちづくりをしていくかというのが求められてきた。現代は、賛成側と反対側が実は同等レベルでいる可能性もあるわけですよね。そうしたときに、税金を使うことイコール公平性という見方ではなくなってきたのかもしれません。だからこそ、今は一概に土木は社会貢献と位置づけるのではなく、それぞれの土木事業の役割や必要性を広く世の中に伝えることが大事になってきていると思います。

伊藤　でも昔、新幹線をつくるとき、世論は大反対だったらしいですよ。こんな無駄なものを、世界のどこかからかお金を借りてきて何のためにつくるのかみたいな。新幹線は戦後復興の頃でしょう。その頃から土木というものは無駄使いだと批判されてきたのを見聞きしますね。

堀　確かに批判はあったのでしょうね。批判はあったのだけれども、それを覆すぐらいの指標があったんでしょうね。例えば、交通網を何千キロ広げたら経済がどれぐらい回るとか、明らかにそういう数値化されたものがあったんでしょうね。

伊藤　つまり、その頃の土木事業には国民を納得させ、沸き立たせるような『ビジョン』があったのでしょうね。

郷田(司会)　しかも、国民のくらしが劇的に変わるというのがあったんでしょうね。

堀　そうですね。造ることによる効果が明らかに想定できた。しかし、今はもう国の債務も莫大になってきて、造ることすらままならない時代で、造ったことによる効果というのはなかなか検証できない。

郷田(司会)　皆さんのご意見からすると、土木の今の役割というのは、社会基盤づくりや安心・安全な社会づくりという、いわゆる「社会貢献」なのでしょう。十分社会に貢献している反面、それを国民にきちんと伝えられているか、理解されているか。また、それが果たして本当に必要かどうかの客観的な判断ができているのか、というような課題もあるのかもしれませんね。

2 未来の土木の姿

郷田（司会）　これまで今の土木の役割についてお伺いしてきましたが、ここからは「土木の未来は、こうなっている！」ということを考えていきたいと思います。まず、将来の土木がどうなるかを考える前に、将来、土木を取り巻く社会そのものがどのように変わっているか。30年、50年、100年という、いろいろ時間軸はあると思うのですが、その中でどういう社会が待っているか。皆さんはどのように想像されますか。

菊田　1つは、気候変動という点があると思います。今、台風も大型化してきているし、洪水も増えています。災害リスクがどんどん高くなってくることに対して、理解し、対応していかないといけないですよね。

伊藤　もうちょっと先のことを考えると、例えばエネルギーの問題もあります。今は原発の稼働条件やら、再生可能エネルギーの推進云々という話もあるけど、今後世界中でエネルギーの資源が枯渇していったときに、どのように日本としてエネルギーを確保していくのか、そういうことも当然問題になってくる。さらには、食料とか水の問題、あるいは防衛の問題といったように、対世界という観点でわが国がどのような対応をしていくべきなのかといった国家レベルの問題も顕在化しているのではないかと思います。

堀　特に日本では、少子高齢化の問題が非常に重要になっていると思います。土木というインフラの使い手は当然「人」なわけですから、少子高齢化になると「人」の構成が変わり、使い手のニーズも変わってくる。加えて、そもそも土木構造物を造るための資金もなくなる。さらに技術者の不足にも繋がる。少子高齢化に対しての前提条件でこれから土木はどのように変わるかという、大きな分岐点になるのかなと思います。

郷田（司会）　近年、地方創生という言葉もよく聞きますが、例えば静岡とかでも、いろいろその地域特有の事象、状況というのがあると思います。その辺は、植松さん、いかがですか。

植松　地域でしかできないことというのは、多くないかもしれないですけど、その地域に住んでいて、毎日同じ風景を見たり、毎日同じ道を通ったり、住んでいる者、愛着を持って日々見ている者のほうが、この地域特有の事象に気づけたりしますよね。だから、地域のニーズというか、地域の人がその地域に住んでいることに対して愛着とか誇りを持っていろいろ取り組んでいるところを考えると、地域・地方の人達が、今以上に主体的に動くような状況になっていければ良いですね。

郷田（司会）　今の話でいけば、例えば地方に目を向けたとすれば、その地域特有の感覚を持っていて、その結果、その地域らしいニーズが多くでてくるようになってくるのかもしれませんね。それは将来、地方が主体になって、やりたいことに手を挙げていくような環境が今以上に大きくなるのかもしれません。

堀　そういう意味では、画一的な仕様で全国統一的につくられる公共構造物ではなくて、地域性を踏まえた地元からの提案等を大切にしていかなければならないのかなと。それが、逆にニーズに応えることにも繋がると思います。

植松　地方に住んでいる人たちが、その地域特有の思いに基づいた考えを持っているとすると、我々土木に携わる人間は、その考え方に合ったインフラのあり方を考えていく必要がありますね。それがうまくいかなければ絶対に合意形成など図れるわけはないのでしょう。

郷田（司会）　今まで、今後、30年、50年、100年で、災害リスクとか少子高齢化、過疎化なんて話で、どんどん変わるだろうという話が幾つか出ました。変化する可能性もあると同時に、一方では10 0年たっても変わらない社会もあるのかもしれないのですが、そのあたりはどうでしょう。

堀　そもそも交通インフラは、車が発達して、それに合わせて舗装ができて、今後もしかして新幹線がなくなって全てリニアになったら、鉄道の構造も変わりますよね。では、車がなくなって全部浮遊する飛行機みたいなものになったら、舗装なんていう概念は要らないですよね。だから、土木という構造とかハードの形というのは当然100年後は変わっていくわけです。ただ、人が求める交通手段であったり、移動という「目的」であったり、地域としてのまちづくりという「要素」は当然変わらないですよね。

菊田　100年後も変えずに残したいものはありますよね。重要文化財とかもそうですけど、土木遺産として100年後もこれは残しておきたいと思うものがきっとあるのだと思います。そういうものを残すための技術はしっかり継承していかないといけないと思います。

砂田　土木構造物なり、古い歴史のある建築物を維持していくのに、宮大工の方の技術がずっと伝承され、守られていく。型枠工など技能工の皆さんの職人魂とか、そういうノウハウというのは残り続けていってほしいなという思いはありますね。

堀　これからも、公共という概念は無くす訳にいかない。過疎化する地域もあれば孤立する村も出てくると思います。確かにこうした地域や村では、経済的に見れば採算性がとれない。ですが、こうしたところであっても公共性というものは、担保し続けないといけないと思いますね。

郷田（司会）　もともと土木は暮らしの中心にあるという。いろいろな分野があっても、その真ん中にどっかと腰を据えているのが土木だというのが、古くからあるのだと我々は思っています。そういう立ち位置も、100年たったとしても変えてはだめだし、変わっていたら困るなというふうにも思いますよね。

今、土木を取り巻く社会という話で多くの意見を出していただきましたが、ここからは実際に今後30年、50年、100年となったときの土木の役割はどうなっているのかについて、お聞きしたいと思います。

布川　今、税金で整備するインフラが多いですが、利用者が負担する、受益者負担という考え方をすれば、税金を使う必要はなくて、自分たちが使いたいものにお

金を支払って使うという考え方もあるのではないかと思います。そういう場合は、あえて公平性が前提でなくても、利用する人、本当に受益者が負担するという考え方に転換していくことも今後あり得るのではないかなと思います。

郷田(司会)　今でも、ロードプライシング[※1]などの考え方はありますが、利便性や安全性、環境負荷低減に対し、利用者がお金を払って選択するという考えが広がっていくかもしれないということですね。

大西　これまでは、行政がどんな公的サービスを提供するかを決めてお金も面倒みていた。これからは、今までの官主導というよりも、市民自身の手で必要な公的サービスを生み出す時代になってくると思います。まさにNPOの役割はそういうところにあるのではないでしょうか。

郷田(司会)　多くのNPOが設立される時代になった背景は何でしょうか。

大西　やはり市民の公的ニーズの多様化ではないですかね。もうそれに尽きると思います。過去のモデルでは、標準的な公的サービスしか提供できないという限界がある。それは建物でも全部一緒ではないですか。金太郎飴みたいに同じような建物が地方にできてくる。これが多分今までのやり方だったのだと思うのですが、そこに対する限界が出てきたということで、もう少し小さなレベルで公的サービスのバリエーションをつけていくという方向でないと、みんな満足しなくなってきたのですね。

郷田(司会)　そういう意味の満足感とか価値観の飽和というか、新たな付加価値みたいなものを見つけていかないと、あって当たり前とか、余計なものだとか、そういう発想が出てきてしまっている時代になっているのかもしれないですね。

伊藤　土木の役割自体は多分変わらなくて、国民の豊かで安全な暮らしを担っていくのが土木ですよね。ただ、土木業界の組織体制とか調達制度などは変わってくるのかなと思いますね。そもそも、昔は、インフラが不足していたからインフラをつくるということを前提に制度もできたし、ゼネコンとかコンサルタントというプレイヤーも出てきた。だけど、今これだけインフラが充実し、その上で複雑な社会問題があり、さらに地域にはそれぞれ固有のニーズがあるということになると、今の体制や制度ではどこかで立ちいかなくなるだろうと思うんです。そうしたときに、新たな業界の組織体制として、「インフラ商社」みたいな役割を担うプレイヤーが必要になってくるのではないか

※1 ロードプライシング
渋滞削減のため都心部に乗り入れる自動車に対して課金を行う施策等。

と考えています。キーワードで言えば、「トレーダー」だったり「インテグレーター」とか「コーディネーター」というところですかね。「商社」って簡単に言うと、売りたい側のニーズと買いたい側のニーズの間に立って、両方のニーズをマッチングさせる、そんな仲介役ですよね。土木業界においても、例えば、地域の複雑な問題を解決するための技術は、土木以外の分野にもたくさんあると思います。土木業界が、それらの技術を束ね、新たなサービスを生み出すような存在になれば、たとえニーズが複雑化しても、世の中に対して豊かなくらしを提供していくことができるのではないかなと思います。もし将来、そのような社会状況になったとしたら、現在のような「ゼネコンは施工、コンサルタントは設計」というような縦割りでは当然だめなわけですね。世の中のニーズに応じて、組織体制や制度も変えていく必要があるのではないでしょうか。

郷田（司会）　国民の豊かな暮らし、安全な暮らしを目指すために、土木が中心になって商社の役割をやりましょうという、そういう社会が来るということですね。いわゆる異分野とのコラボレーションの中でも、立ち位置が真ん中にしっかりあって、役割分担、旗振りをうまくするという役割になるのかもしれないですね。

大西　昔は、いわゆるインハウスエンジニアといって、行政の中に、プロジェクトのすべてを取りまとめるスーパーマネージャーがいました。おまえはこれをやれ、これやれという指導力を発揮して、それがうまく回っていた時代があったわけですよね。今はなかなか問題が複雑化して、技術も高度化しましたので、すべての問題を集約するというのはできなくなってきていると思うのですね。だから、公共サービスを提供するガバナンスの仕組みが今大きく変換することを求められる時代にあると思います。

砂田　今後、土木の役割とは何だと思ったときに、僕もみなさんの意見と同様で、これまでみたいに変わらない公共構造物をつくっていくのも大事ですけど、つくっていく過程の中で調整役、マネジメント役になるべきですね。日本に必要なものを、社会の多様なニーズに対して100％は応えられないにしても、ではこの辺で何とか良しとしてもらえませんかとか、そういう妥協点を探ったり、調整、舵取りをやっていくというようなマネジメント役というのが必要かなと思いますね。

布川　少し違う切り口ですが、今後は、受注者が発注者の一部役割を担うというような形に変化していくのではないかと感じます。民間の力をうまく活用するということですね。

堀　まさに今、資金がない日本で、どのようにインフラを整備していくか。元手を集めるために、今でも試行錯誤されていろいろ考えているわけですよね。例えばファンドを集めて構造物をつくるとか、PFI手法もその1つ。ただ、今はインフラそのものからキャッシュを生み出す経営的なものまでは発展されていない。例えば老朽化した高速道路なり高架を少しのお金で復旧させて、道路としては使うのに難しいけれども、商店街を高架に並べて活性化させるというのも1つの手段なのですよね。そういうふうに、今の構造物をただ単純に、今のスペックで維持管理するのではなくて、キャッシュが入るような仕組みにどんどん変えていかざるを得ないのかなと。変えていくことによって地域の提案というのが出てくる、地域の使い方がある。商店街が公園になったり、どこかのテニスコートになったり、スポーツ場になったり、そのように地域がどんどんニーズに合った文化をつくり変えていく。インフラそのものが文化をどんどんつくっていくというような仕組みになれば、それがまさに地域貢献という姿ではないかと思います。その反面、これはすごく難しくて、当然公共性という観点では全てが全てそのようにはならないのですが。

菊田　もう1つ、先ほど、ニーズの把握が必要というのがあったのですが、そもそも国民が、ニーズそのものに気づいていないのかなというところも気になります。ですから、こちらからの「土木の発信力」が重要になると思うのです。土木はこういうことをやっているのですよというPRをして、それに対して国民が再認識し、地域のまちづくりなどに参加してもらえたら一番いいのだと思うのです。

郷田（司会）　そうですよね。国民が主体的に動いていくということを目指すためには、今、菊田さんが言ったようなところは絶対必要ですね。これまで、土木の将来の役割について、みなさんからご意見いただきましたが、「民間資金の活用」や『商社』のような調整役・コーディネーター」、「土木の魅力の発信」といったようなお話がありました。どれも重要な視点でありますので、この役割を実行できるよう、引き続き努力していく必要がありますね。

3 明日からこうする！

郷田（司会）　今後30年、50年、100年後、どういう社会になり、その中で土木がどういう役割を担っていくかについて御意見を出していただきました。今回、我々が考えたことは、夢物語で終わらせるわけにはいかないと思っています。なのでこのセクションでは、明日から業界が、我々、若手中堅クラスの人間が、先ほど言った役割を達成するために心がけることをお話しいただければと思います。

伊藤　何をやるにしても、一番大事なところは、そもそもやろうとする施策の目的や将来の姿について、しっかりとみんなで認識することですね。そう考えると、我々が今やっているような議論をしっかりと、今後も続けていくことが重要かと思います。

私も会社の中で研修をやったりするのですが、何で土木の仕事をしているのかとか、将来、土木というのはどうあるべきなのかというのを研修のテーマにしています。そういう議論をしっかりと若いうちからやっていけば、みんなが同じ方向に向かうというか、価値観を共有した議論ができるのではないかな。

菊田　伊藤さんがおっしゃられたように、土木をこれから先どうしていったらいいかということを話す場をまず、会社でも、友人とでも、設けるだけで第一歩だと思うのですよね。小さいけれども、そういう一歩が必要かなと思います。

それから、他の業界に対しても好奇心というか、アンテナは常に立てておいたほうがいいのかなというのを思います。今の土木業界の問題は、実はほかの業界からすると、もうとっくの昔に解決しているものも多分あると思うのです。ただ自分が知らないだけで。ほかの業種に対してもアンテナを張り巡らせるようなことがこれから先も必要になってくるのかなと思います。

大西　結局、一人一人が、何が正義かということに基づいて行動するしかないのではないかと思います。それは別に、建設会社、コンサルタント、発注者、官、大学、どこにいても一緒。別々の立場であっても、同じテーマでどうあるべきかを考える必要があり、それを国民に伝えていくということから一歩ずつ始めていくことが大事です。

植松　私は、発注者側の人間ですが、自分を磨くという意味で自己研鑽はやったほうがいいですね。先輩とか故人、昔の人はすごいんだなという気持ちを常に持っておいて、古き良きというのを尊敬して尊んで見ていきたい。だから、先輩に対しても常にいろいろな経験を教えてもらうおうと。聞くだけでも経験になるかもしれないし、それを逆に今度は自分の後輩にも惜しむことなく伝えていきたいと思っています。

堀　今の土木の現状がちょっとおかしいなというのは、実は若い方を始め皆さん少なからず感じていると思います。そのような中で、本気でいい姿に変えていくためには、我々自身がこのように議論して、具体的な提案をどんどん発信していくことがすごく大事だと思っています。これからもどんどん提案していって具体化していって、それを実現させるというのをこれからもやっていきたいという思いはあります。

郷田（司会）　そういうのを自分たちとともに、いろいろなところで、いろいろなア

イデアを出すと。それを融合したり切り離したりしながら新しい提案をしていくのが大事ですよね。

大西　具体的に、1年は難しいかもしれないけど、数年のオーダーで、今までの殻を破るためにこういうことをやってみましたという取り組みを紹介するのは結構面白いかもしれないですね。

郷田(司会)　ケーススタディとしてやるということ？

大西　はい。各個人の立場で、あるべき姿を目指して何を実践しているのかを問われなければならないわけです。

砂田　将来ビジョン特別小委員会の中で2年間、土木はどうあるべきかという話を、自分は地方の建設業者の一経営者として、産官学みんなでこういう議論ができたということがすごく有意義だったなと。僕自身は地方の建設業界として、ここ

でいろいろ議論してきたことを発信していきたいですし、自社の社員やその家族であったり、本当に協力してくださる協力会社の方々の生活を守っていくことを第一に、土木に携わることへの喜びや情熱を、自社の社員はもちろん、これからの業界を担っていく方々にも伝えていく一助を成し遂げていきたいなと思います。

布川　他分野との融合という話があったのですが、その前提となっているのが、まず自分たちが持っている技術でできる範囲はどこだというのを知らないといけないのだろうなと。そういう意味で、まず自分の技術を深く掘り下げていく。それと同時に、ほかの分野で、今あるもので何ができるのかなということを広く見ていけるような余裕とか柔軟性が必要なのだろうなと思っています。あと、今は発注者が国民と対話しているというのが普通だと思うのですが、そういうのではなくて、受注者も国民と対話していくような形に徐々に変わっていくのではないかなと思っています。そういう意味では受注者であっても市民・国民との対話力とか、そういうところも今後必要になってくるのだろうなと感じているところです。

郷田（司会）　なるほど。確かに土木に携わる人間と、それを受ける側の人間というのは、ある意味、対等でないといけないわけですから、そのためには会話力や理解のし合いということであれば、今、布川さんが言われた話も、多分、日々やっていく必要はあるのかなと思いますね。

　ここでは、ある意味、皆さんの決意表明みたいなところもご意見いただきました。どれも明日から将来に向けて進んでいくためには重要なポイントかと思います。明日の明るい土木を夢見て、それを達成するためにしっかりと『ビジョン』をつくり、関係者と協力して邁進していきましょう。そして、この達成状況確認のために、常に議論し、時点修正していければ良いですね。皆さんも日々、その意識をもって土木従事者として頑張っていただきたいなと思うところで、そろそろ締めたいと思います。

一同　ありがとうございました。

writer **布川 哲也** [大成建設株式会社]

技術を深め、感性を磨く

街を歩くとそこには、自らが造り上げた構造物がある。まさに地図に残る仕事であり、土木技術者冥利に尽きる。技術を磨き、より安全で安心な社会をより効率的築き上げていくことは、今後も変わらない建設業の使命の一つである。一方で、国民のニーズを、インフラの機能にスパイスとして組込むことが、インフラを活かし国民の満足を得るためには重要である。

技術の深耕も大事だが、一国民として、人との関わりからニーズを感じ取る感性を磨いていきたい。

writer **砂田 英俊** [北土建設株式会社]

情熱や夢のある土木の世界へ

異業種からの転身で技術者経験もない自分にとって、土木の世界は未知の領域でした。入社当初は諸先輩方から発せられる土木用語はチンプンカンプン。しかし、一度現場に赴くと、土木構造物のスケールの大きさや迫力ある建設機械。働く人々の職人魂。土木の世界にものづくりの神髄を見たことを忘れません。弊社社員も年上の諸先輩方はもちろん、同世代の社員も、様々な苦労はあるが、情熱や夢をもって挑む姿に尊敬の念さえ抱きます。経営者として社員の幸せを守り、土木の魅力を北海道の地方都市から発信していきたい。同じ想いをもつ同世代の同志とともに。

writer **植松勇樹** [静岡県交通基盤部道路局]

人のため、地域のためにあるべき「未来」を胸に

私は、(しがない)地方公務員である。建前的には、公僕であり、普段の業務も県民のため、公共の福祉のため。時には、私情を捨てる必要も(東京への単身赴任とか、出向とか・・・)なんだか愚痴っぽくなったが、しかし、私は「土木」の仕事が好きであり、誇りに思っている。自分が携わった道路や橋が完成した時の達成感は、何とも言えないものがある。事業を行う際には、常に「地域の未来のためにどうあるべきか」を、自分に問うように心がけ、理想の未来づくりを実現したい。

これからも、大好きな土木を多くの人に伝える土木PR部隊長に、おれはなる!

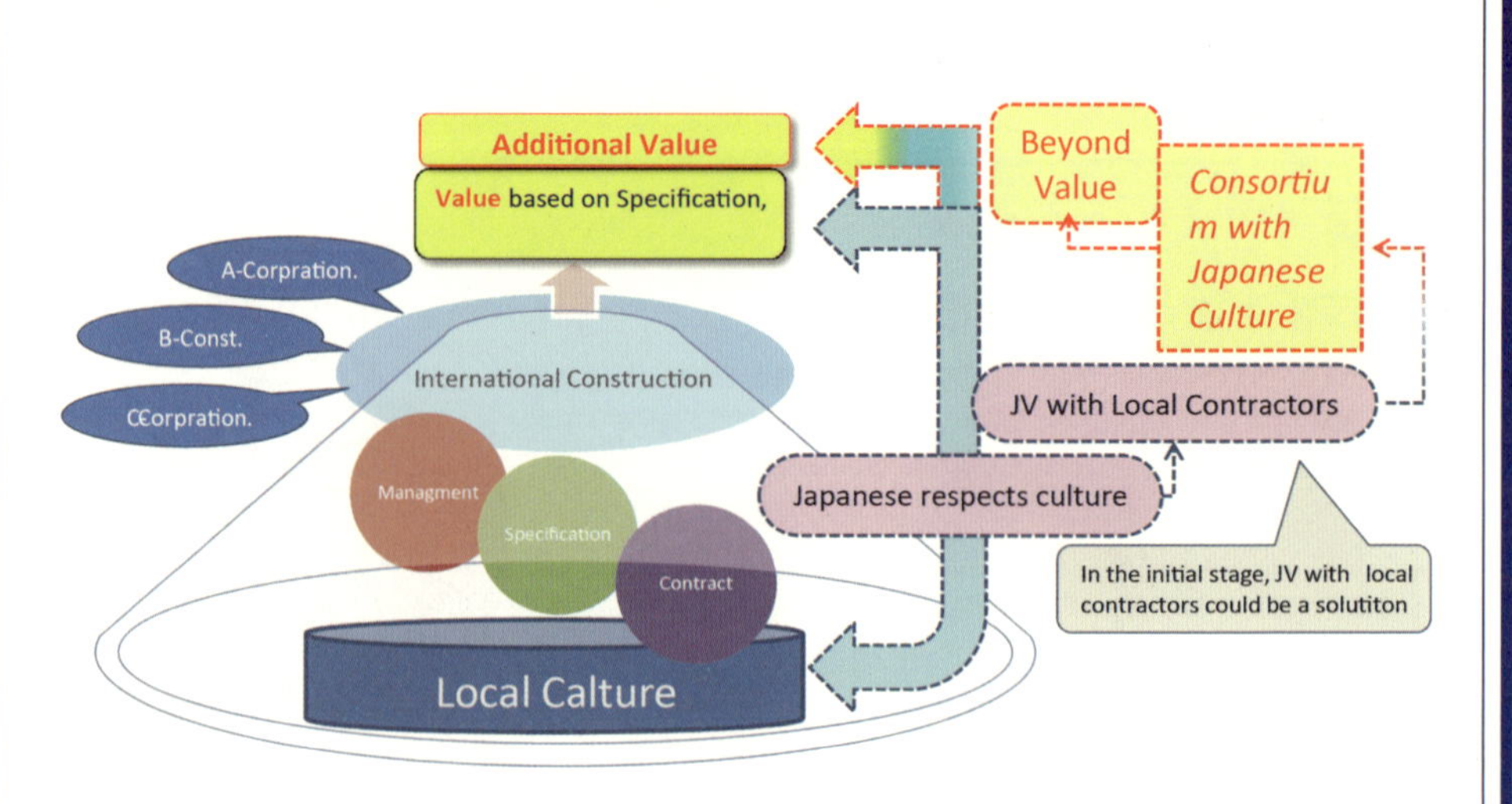

わが国の"文化"で構築されたConsortium で価値を越えるサービスを提供するイメージ

「おもてなし」を世界規模で
価値を越えるサービスの提供

2013年9月7日、2020東京オリンピックの招致が決定した。この直前のプレゼンテーションは身震いするほどの素晴らしさだった。その中でも"おもてなし"という言葉が強く印象に残っているのは、私だけではないだろう。

和食、我が国の果物等の食材、日本酒や焼酎、ワイン等の酒類をはじめ我が国の基盤に脈々と伝承されてきた"おもてなし"の文化が地球規模で受け入れられ始めている。サッカーW杯における試合後の会場清掃作業もその一例だろう。無意識のうちに我々の脳裏に育まれてきた相手を思いやる文化は、土木技術の分野においても息づいていると考える。公共事業の発注者やそれを利用する市民の想い以上の価値を提供できるのが、我が国の土木技術（ソフト技術）だ。我々には価値を超える文化が潜在的に保持していることを自覚し、それを地球規模で活かすことが期待されている。

【記事提供：東洋大学理工学部都市環境デザイン学科】

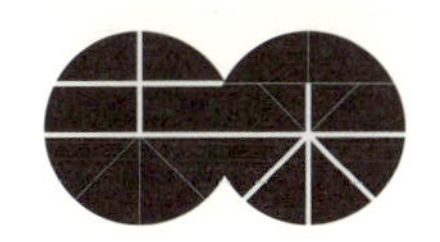

巻末付録

DOBOKU 2.0

日々進化する最新土木技術のご紹介

土木技術の姿を想像したとき、どんなツールが思い浮かぶだろうか？
つるはし、積み上げた土嚢、黄色と黒のトラロープや、土をまとった重機群、、、、、
「土」「木」の漢字イメージが強いため、このようなイメージを思い浮かべる人も
少なくないだろう。
そこで、現在、またこれからの土木技術のすがたを少し覗き見し、
土木という言葉のイメージを再度構築してみよう。

水中作業機器の遠隔操作技術

日々進化する
最新土木技術のご紹介

マニュピレーション作業を可能に（触覚を用いた作業状況認識）

港湾施設はその大部分が水面下に構築されるため、その整備や点検，維持・補修は水中での作業となり、現在は相当程度を潜水士等の人力に依存している。このような水中作業を一層安全で効率的に行うため、水中建機（水中バックホウ）の遠隔操作支援システムを構築した。

水中では作業中に発生する濁りなどにより対象物の視認が困難であるため、作業状況の認識が課題となる。

そこで建設機械の受ける負荷を接触情報として利用し、「手応え」と接触点座標の「CG表示」により、光学映像に頼らないマンマシンインターフェースとなっている。さらに設計データを重畳表示しており、常時目標の高さと比較しながらの作業が可能である。

【記事提供：独立行政法人 港湾空港技術研究所】

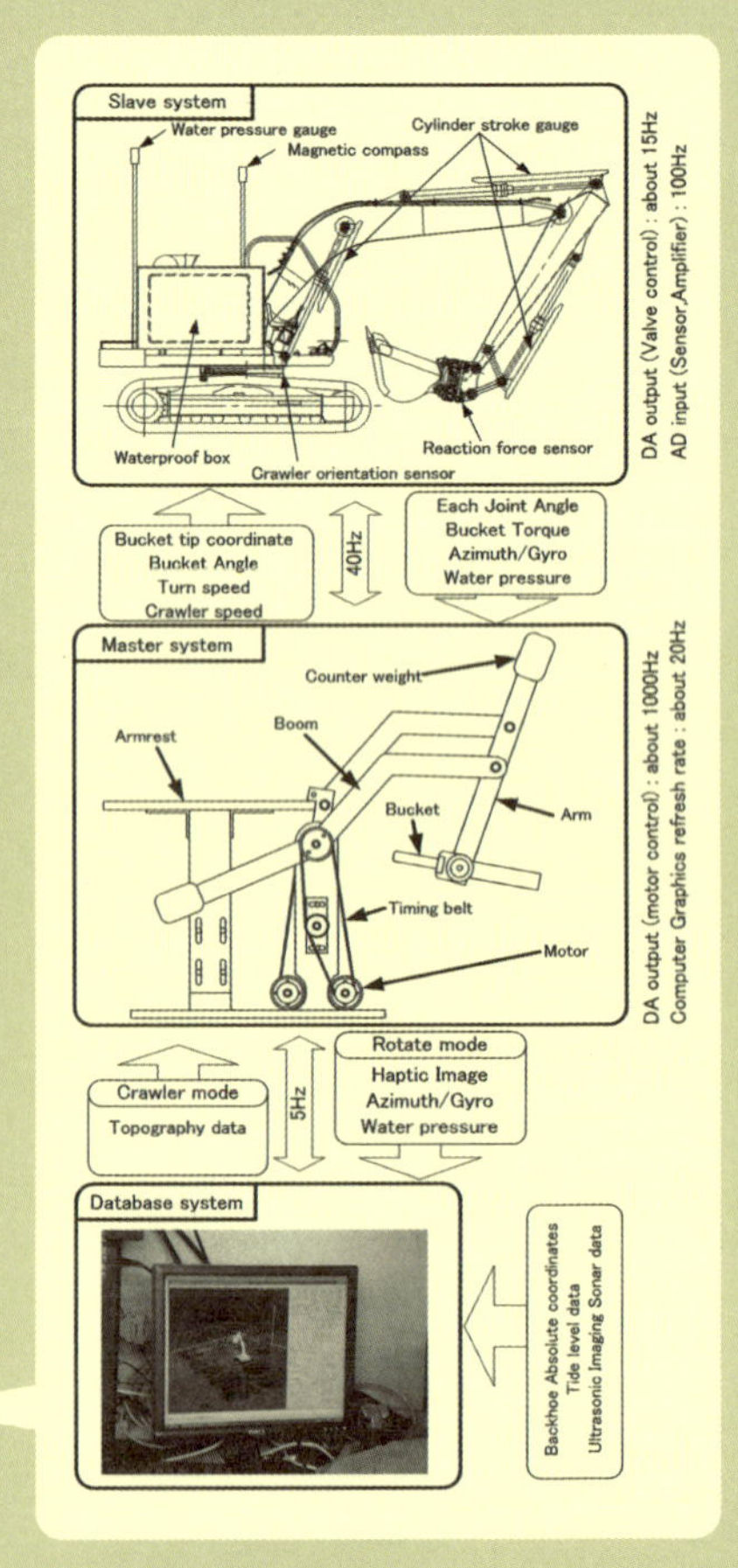

建設機械のセミオート化

Information and Communication Technology

【画像提供：株式会社 小松製作所】

未来を担う若者に魅力ある業界を伝え残すべく
時代の変化に柔軟かつ機敏に対応し、効率化・安全性の向上を目指す

建設業界全体の視点で見ても就業者の年齢構成は他産業と比較しても高齢化しており、現場の生産効率の低下が懸念されている。今後更に、熟練の技能労働者が大量に退職すると、現場を支える人材は量的にも質的にも不足することが懸念される状況であり、防災減災対策や既存ストックの維持更新など今後増大が想定される需要にも対応するためには、建設業において生産性の向上と人材の確保育成が深刻で大きな課題となっている。

そこで効率性・安全性を大幅に向上させる情報通信技術（ICT）を取り入れ、建設機械のセミオート化やダンプトラックの運行管理などのマネジメントを事務所内でコントロールし、工程や収支管理と連携しトータルマネジメントする。

建設業の生産性の改善というイノベーションを起こすことにより、建設業が社会や消費者にとって、より価値のあるものとなり、建設業の永続的な発展がなされていくことに期待したい。

【記事提供：株式会社 砂子組】

衛星AIS情報による地球規模での船舶動静把握
Automatic Identification System

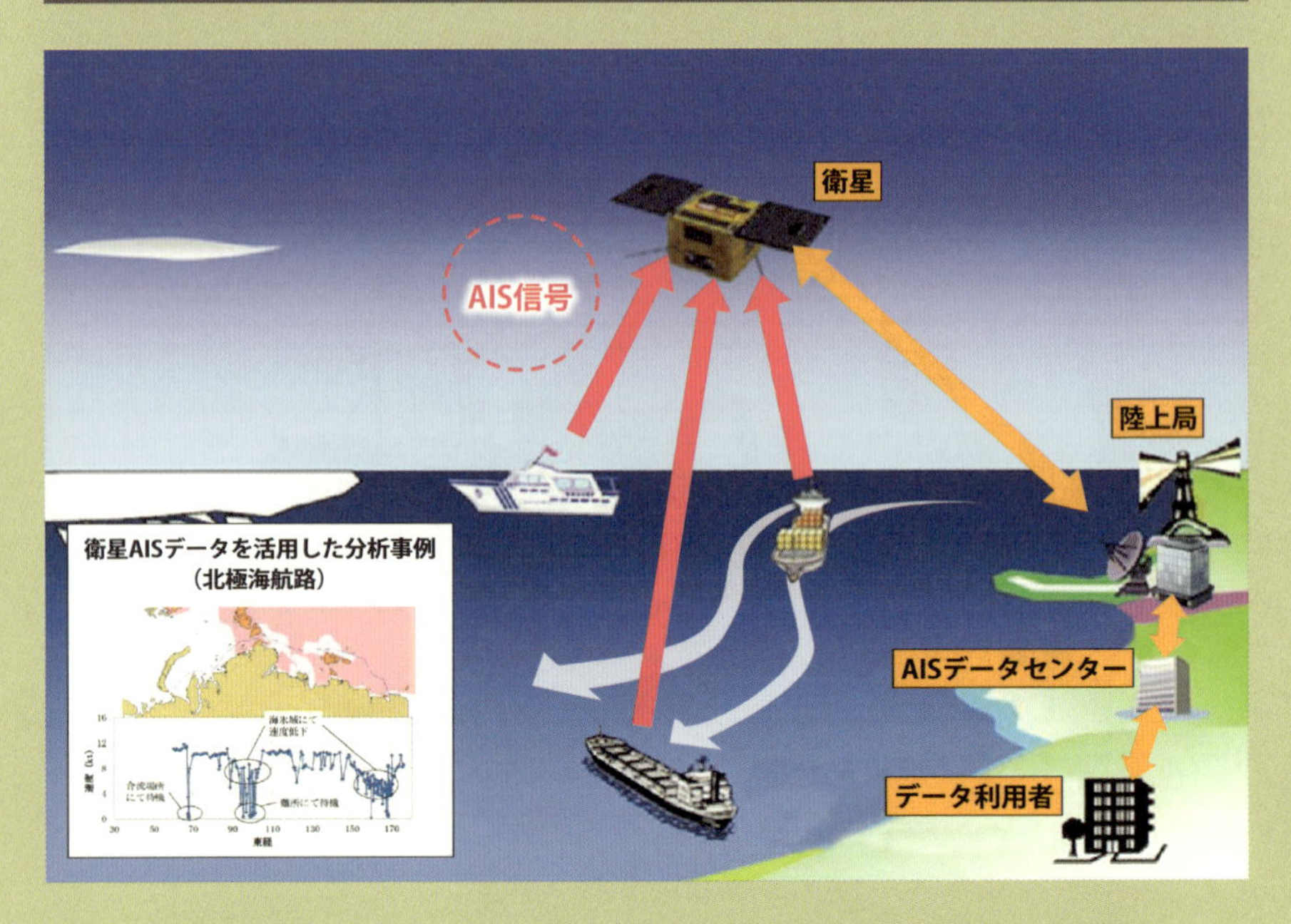

衛星技術を用いて地球上を航行する船舶の動静を把握
今後はリアルタイムでの情報利用による貨物管理等を目指す

現在船舶は航行安全確保のためAIS（船舶自動識別システム）情報を発信することが義務付けられているが、最近ではこれを衛星から取得できるようになっている。衛星からのデータ取得のメリットは、地球規模で広範囲（数千キロメートル）の船舶の位置や進行方向、速度などが一網打尽に捉えられることである。この技術を活用して、現在では北極海地域という従来データ取得が難しかった地域での船舶の航行実態が分析できるようになっている。これは今後の北極海航路の実用化やそのための港湾整備において有益な情報となるだろう。さらに今後は、リアルタイムでこのような情報が活用できるようになる見込みで、貨物の荷主はリアルタイムで自分の貨物を積んだ船舶の位置が把握できるようになり、サプライチェインマネジメントがさらに効率化されるだろう。経済活動が益々グローバル化する中で、この技術の用途はこれらの他にも広範なものが考えられ、今後の国際物流のイノベーションの核となってゆくだろう。

【記事提供：国土交通省 国土技術政策総合研究所 港湾研究部】

超音波式四次元水中映像取得装置

4-DWISS

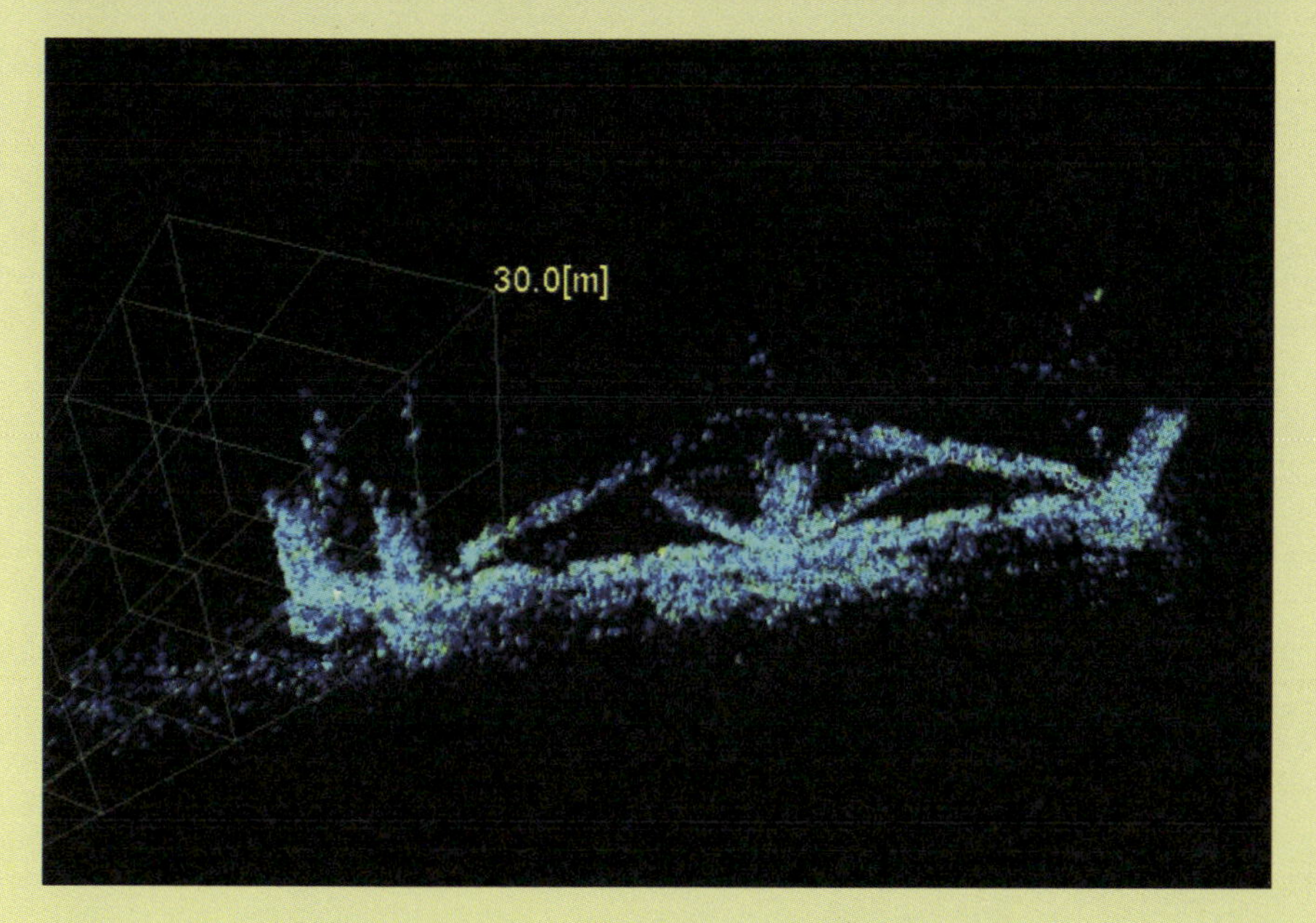

超音波を使って、水中を人間の視覚に近い
三次元・リアルタイム表示で見る技術（後処理で、測量データとしても使用可能）

水中では光の減衰が大きいため遠方まで見渡すのが難しく、視認対象までの距離感や対象全体の歪みなどを把握しにくい。さらに、工事による底泥の撒きあげや河川からの流入等による濁りは、条件によっては１ｍ前方でさえも見ることができない。このような状況であっても、対象物の大きさや位置関係等を確認できれば、作業を継続することが可能となる。

ここで超音波を使うと、光に比べて波長が長いので、水中の濁りの影響を受けにくく、遠方まで到達することができる。この性質を利用して、4-DWISSは人間の視覚に近い水中の三次元空間を広範囲にリアルタイムで視認し，同時に測量も可能とする、超音波式の新しいシステムである。点線で囲まれた空間を視認でき、取得した映像はモニタ上で任意の方向に回転させることができ、あらゆる方向から画像を表示できる。上の図は4-DWISSを移動しながら橋脚の水中部を撮影した例である。三次元の映像データを順次取得し、瞬時に動揺補正を行い、重ね書きをしていく。

【記事提供：独立行政法人 港湾空港技術研究所】

津波から命を守る最後の砦

津波避難シェルター

きたるべき大災害に備えた安心・安全づくりも
これからの土木の大切な役割

2011年3月11日に発生した東日本大震災における津波被害を教訓に、高台や避難タワー等の他の避難手段が絶たれた時の最後の砦となる「津波避難シェルター」の企画、開発が様々な機関や企業で行われている。

家庭用の小型タイプや水に浮かぶボート型など、様々な形状のシェルターが開発されているが、ここで紹介するのは土木技術者が設計した、有事に誰もが避難可能な公共施設としての形態である。

概略設計では、空気や電気、通信等の確保、また大人数の収容とシェルター内の避難生活を考慮し「半地下の箱型」、「地上のドーム型」、「崖地の横穴型」の3つの基本形を設計。このうち「崖地の横穴型」は、南海トラフ巨大地震の発生に備え、高知県室戸市内の崖地への建設が決定している。

今後、国内また世界各地で津波被害が想定される地域の安全性確保のため、普及が期待される。

【記事提供：株式会社 オリエンタルコンサルタンツ】

土木施設の巡回点検をスマートに効率化

iパトNOTE（アイパトノート）

スマートフォンを用いた最新システムで
土木施設の巡回調査や、災害時の情報収集と共有をサポート

国や地方自治体の公共土木施設管理者は、道路や橋梁、トンネル等の施設を国民が常に「安全安心」に利用できるよう、日常的にパトロール（巡回点検）や維持管理を行っている。

従来のパトロール業務の進め方は、現場の異常を発見した際、状況をカメラで撮影し、点検シートに手書きで状況を書き入れ、パトロール終了後に事務所で点検結果を整理した後に報告を行うという手順となるため、異常の発見から報告までにタイムラグが生じてしまうが、この手順を最新システムにより効率化するのが「iパトNOTE」である。スマートフォンやタブレット端末を用いて現場の状況を記録し、インターネットを通じてデータベースに情報を送信・蓄積していく。これにより、リアルタイムな情報収集と共有を実現する。

公共土木施設のメンテナンス、また、災害対応の迅速化が求められる今、こうした情報共有の効率化はますます求められることになるだろう。

【記事提供：株式会社 長大】

ミライのケンセツゲンバ

20年後のダンプは？

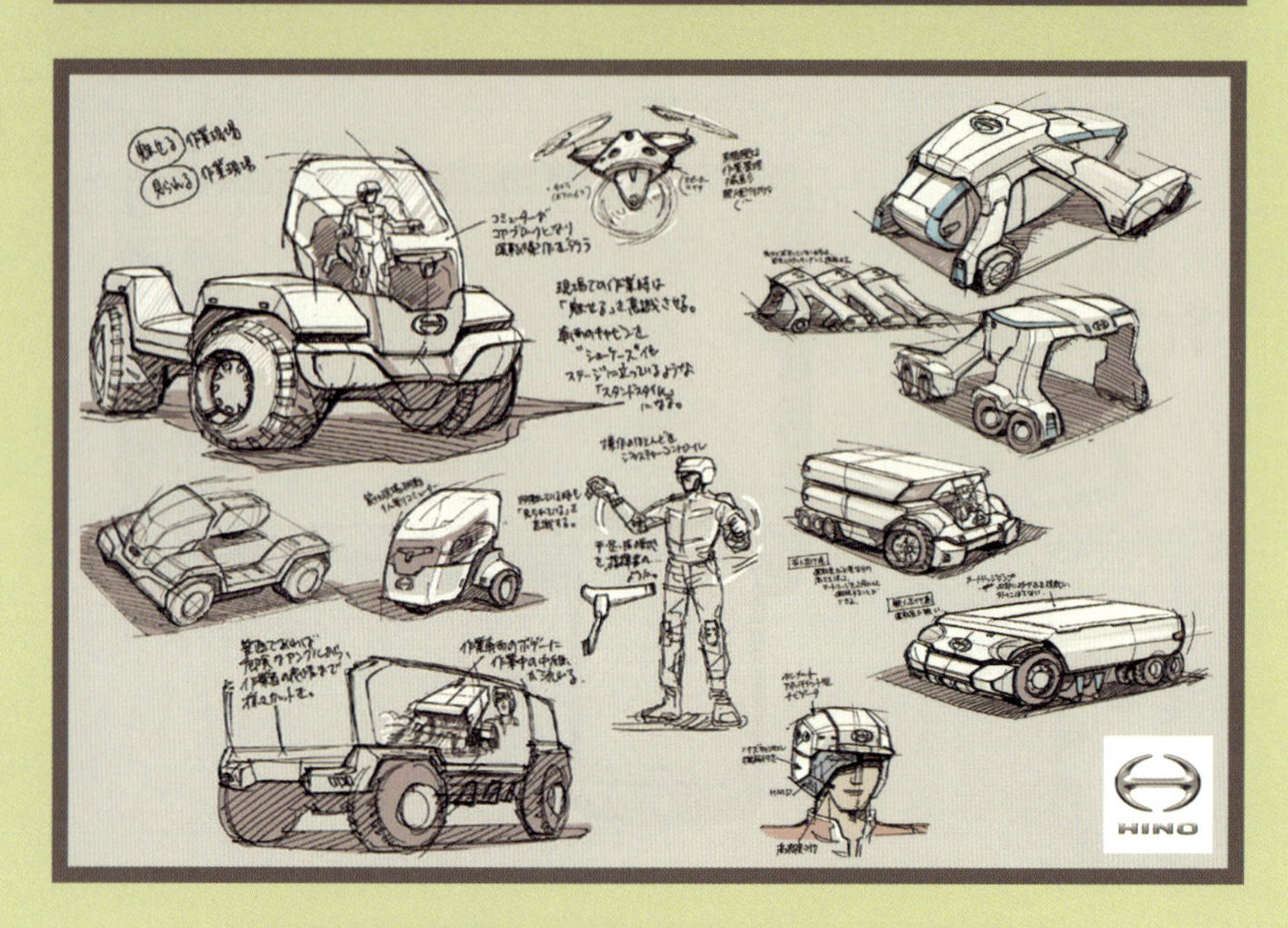

『新3K＝きれい、快適、カッコいい』を目指した具体的な未来の車両デザイン構想

日本建設業連合会（日建連）の学生向け広報誌「ACe FOR STUDENTS」で、建設業と異業種クリエーターが連携し「ミライのケンセツゲンバ」のあり方を探っているが、そのうち日野自動車デザイン部に依頼した回の内容。

「ミライのケンセツゲンバ」におけるダンプやトラックは①誰でもプロになれる、②仕事を魅せる、③小さくたくさん運べる、④街を汚さず騒音も減らせる、⑤抱えるように大事に運べる、という5つの目標を満たすべきという考えで構想されている。

ヘッド・マウント・ディスプレーで作業指示を与えるシステムや、ドライバーがスタンドスタイルでダンプ操作し、その様子がよく見えるキャビン、無人飛行物体での作業中継およびダンプ側面をスクリーンとした放映など、現場内外の方に「魅せる」ための情報共有システムが考えられており、その他、土砂の舞い上がりや騒音を抑制するカードリッジ式車両や、ショッピングカートのように積み重ね、駐車時の必要スペースを減らす、などの提案も行っている。

【記事提供：前田建設工業株式会社、一般社団法人 日本建設業連合会 広報委員会】

土木の未来構想は宇宙へと拡大

宇宙エレベーター建設構想

宇宙での太陽光発電や、宇宙資源の探査や開発、宇宙旅行など
地球と宇宙が繋がれば人類の夢は、もっと広がる

半世紀にわたる宇宙開発の進展により、人類が宇宙へ進出する目的は多様化した。宇宙開発の恩恵によって私たちの生活は格段に便利になったが、その可能性をさらに広げていくために人や物資の経済的かつ大量の搬送が不可欠である。

地球と宇宙の間をケーブルでつなぎ、電車に乗るように気軽に宇宙へ行き来ができる宇宙エレベーターが実現すれば、さまざまな分野での可能性が広がっていくことは間違いない。

地球上に構築する限り、建設物は自重によって壊れる限界点があるが、宇宙へと伸びる「宇宙エレベーター」は理論的には可能といわれている。宇宙側の静止軌道ステーションと、地球側のアース・ポートが繋がり、上空10万km（地球と月の距離の約4分の1）まで人とモノを運ぶ「宇宙エレベーター」が実現するにはまだ多くの問題がある事も事実であるが、従来の建設技術の限界のその先にある天まで届く人類最大の建造物は2050年の実現に向け、既に研究は始められている。

【記事提供：株式会社 大林組】

【あとがき】

戦争が終わって、日本には道路、下水道、堤防などインフラが絶対的に不足していた。この時求められていたのは、質の高いインフラを効率的につくることだった。しかし、これからは一つ一つ地域の状況に合わせてオーダーメイドで整備する必要がある。

時代に合わせて土木も変えていかなければならない。土木には変革が必要なのだ。

変革に向かって、土木の将来を考えるためには、今の世代ではなく、若い世代が考え、自分達の手でそれを実現していかなければならない。

この任務遂行のため、集まったのが、将来ビジョン特別小委員会メンバーだ。メンバーはゼネコン、コンサル、行政に勤める30代。定年まで20年以上あるから、情報発信だけでなく、ここで議論してきたことを実現していくことができる。

メンバーは2年間に亘り、合宿を含め全国各地から計17回集まった。議論はいつも4時間を超え、総計約80時間を費やした。さらに、会議室での議論の後は場所を変え、グラスを片手に深夜まで語り合った。このような議論は皆初めてで、平常の仕事とは全く異なるおもしろさに引き込まれ、熱くなって本音の意見をぶつけあった。

2年の間には、東日本大震災の復興が本格化し、東北の現場に転勤になった者もいて、彼はそこから毎回片道約6時間かけて議論に加わった。

このメンバーが業界の代表というのはとてもおこがましいけれど、土木が大好きで、その改革に向けた気持ちが強いことだけは、絶対の自信がある。

２年間の成果は学会内で発表を行った。でも、それだけでは不十分だ。さらにより多くの人に、知ってもらいたい。それで、この本をつくることになったのだ。

この本を手にとって、感じたこと、思ったことを率直に伝えてほしい。共感だけでなく、批判でいい。多くの人が何かを感じて、意見を持ち、それが土木を変えるきっかけとなることこそ、本書の望みとするところだ。

平成２７年３月　吉日

公益社団法人　土木学会建設マネジメント委員会
将来ビジョン特別小委員会
委員長　高野 伸栄（北海道大学公共政策学連携研究部）

【編集後記】

３０年前に若手土木技術者だった世代が体験してきた建設産業は、この間どのように変わってきただろうか。土木インフラが社会に果たす実質的役割が増す一方で、産業としての将来が不透明になっている。そんな体感を持ちながら、自らが現役中に実現したい建設産業の将来像を描く若手土木技術者たちの委員会活動を見てきた。

重いテーマであり、議論は混沌が続いたが高野小委員長の絶妙なサポートにより、次第にメンバーの熱い思いが形になった。その思いを今回出版という形で世に出したのは、読者に建設産業のひとつの将来像を示し、批判を仰ぐと共に、若手土木技術者が建設産業の将来像を作り上げることの意義を伝えることにあったと思う。将来の建設産業の道筋を付けて行こうとするメンバーの心意気に敬意を表したい。

将来ビジョン特別小委員会
オブザーバー　藤田 清二（株式会社 長大）

拙著を手に取った理解と勇気ある読者は３０年後の土木の姿について想像（創造）できるだろうか。戦後我国の諸外国も目を見張る驚異的な成長と共に発展を続けてきた土木。しかし国の発展の質の変化と共に、いや国のありようと共に必ずしも好ましいとはいえない変化を続けている。この変化は我々土木技術者に精神的なインパクトをもたらした。

過去の延長に未来は無い。これから迎える大変革時代には何の担保も無い。しかし、災害への備え、地方自治の活性化、新たな社会インフラの創造、国際社会での日本人技術者としての矜持、など通過すべき道標は見えている。ダカールラリーの創設者故ティエリー・サビーヌの言葉を借りるなら、『望むなら土木の未来への扉までいざなおう、でもその扉を開けるのは君だ』。土木を目指す若者たち、国土の将来を築く若者たち、ここに大いなる冒険への扉は開かれた。拙著がその一助となれば幸いだ。

将来ビジョン特別小委員会
幹事長　塩釜 浩之（株式会社 長大）

将来ビジョン特別小委員会の皆さんが2年間に亘り検討してきた結果を、出版して世に広めたいという依頼を受け、２０１４年７月以降、出版に向けたプロジェクトに参加させていただきました。

技術そのものではなく、その根幹にあるハートを人に伝えるのは、なかなか難しいことです。委員のみなさんは土木のプロではあっても物書きではないわけですから、「資料」から「読み物」への再構築に大奮闘されたことと存じます。

どうすれば土木の大いなる意義と魅力、また憂いを第三者に伝えられるのか、どうすれば未来への挑戦者を増やせるのか…、半年かけて本づくりを共に進めさせていただいたからこそ思い感じることですが、この出版プロジェクト、つまり世に向けて自分達の思いを発信しようとするプロセスこそが、まさに彼らの思い描く土木の将来ビジョンを達成させるための第一歩であり、すでに事は動き始めているのです。

書籍編集ディレクター
高尾 朋之（ブロスカンパニー株式会社）

このお仕事を伺った初期は、資料に並ぶ文章や図を理解するのに時間がかかり、「委員の伝えたいことをきちんと形にできるのか」と困惑したのを覚えています。しかし打ち合わせを重ねるごとに小委員会の熱気が伝わってきて、困惑はやる気へと変わりました。

多くの人に土木のことを、小委員会の活動やそこにある熱さを知ってもらいたい。そのために私ができることを精一杯やろう、良い本にしよう。続々と集まる情報や専門用語の頻出する文章、修正・変更の量を前に、そう自分を鼓舞しました。

この本には未来への夢や希望だけでなく、他業界からは見えにくい現実や目をそらしたくなるような厳しいことも載っています。それらは知っていて欲しいことであり、知らなければいけないことでもあります。どうかこの本を手に取った人が、かつて私がそうだったように土木に対する認識を変えてくれますように。

書籍編集スタッフ
松田 洋子（ブロスカンパニー株式会社）

将来ビジョン特別小委員会メンバー

委員（50音順）

伊藤 昌明	株式会社オリエンタルコンサルタンツ	田辺 充祥	大成建設株式会社
今村 崇	鹿島建設株式会社	野崎 俊介	清水建設株式会社
植松 勇樹	静岡県交通基盤部道路局	林 将宏	国土交通省大臣官房技術調査課
大西 正光	京都大学大学院	東本 靖史	日本データーサービス株式会社
亀山 純代	株式会社フジタ	秀島 喬博	株式会社大林組
菊田 尋子	株式会社開発設計コンサルタント	布川 哲也	大成建設株式会社
郷田 智章	株式会社長大	藤井 亜紀	株式会社大林組
児玉 敏男	前田建設工業株式会社	堀 仁	株式会社建設技術研究所
砂田 英俊	北土建設株式会社	松﨑 拓也	大成建設株式会社
田嶋 崇志	国土交通省関東地方整備局	宮越 優	清水建設株式会社
辻 千之	鹿島建設株式会社	山田 一宏	清水建設株式会社

小委員長、オブザーバー他

高野 伸栄	北海道大学公共政策学連携研究部
藤田 清二	株式会社長大
松本 直也	一般財団法人建設経済研究所
木下 賢司	一般社団法人プレストレスト・コンクリート建設業協会
野口 好夫	株式会社人材開発支援機構
荒木 正芳	北海道建設新聞社
塩釜 浩之	株式会社長大

参考文献

・暮らしを海と世界に結ぶみなとビジョン　国土交通省港湾局 2001年3月

・平成19年 理科年表　国立天文台（丸善出版）2006年11月30日

・平成26年版 防災白書　内閣府 2014年

・救国のレジリエンス　藤井聡（講談社）2012年2月20日

・公共事業が日本を救う　藤井聡（文藝春秋）2010年10月20日

・巨大地震Xデー　藤井聡（光文社）2013年12月14日

・防災立国～命を守る国づくり～　三橋貴明（潮出版社）2013年3月5日

・平成18年度国土交通白書　国土交通省　2006年

・東建月報「シリーズ世界からつどう　東京オリンピックの遺産2」　東建月報（東京建設業協会）2007年4月

・オリンピック・レガシーの概念　川名剛（大和総研）2014年1月30日

・新幹線とナショナリズム　藤井聡（朝日新書）2013年8月30日

・物語 日本の土木史～大地を築いた男たち　長尾義三（鹿島出版会）1985年1月25日

・土木のこころ　田村喜子（山海堂）2002年5月

・「選択する未来」委員会第2回会議資料　「人口動態について」　内閣府 2014年2月14日

・平成24年度国土交通白書　国土交通省　2012年

・日本社会保障資料Ⅳ(1980-2000)　菊池 英明（国立社会保障・人口問題研究所）2005年3月

・道路の老朽化対策の本格実施に関する提言　国土交通省 2014年4月14日

・平成25年度末の汚水処理人口普及状況について　国土交通省 2014年9月10日

・平成22年版 環境白書　環境省 2010年

・前へ！ 東日本愛震災と戦った無名戦士たちの記録　麻生幾（新潮社）2011年8月10日

・列島強靱化論～日本復活5ヵ年計画　藤井聡（文藝春秋）2011年5月20日

・国土と日本人～災害大国の生き方～　大石久和（中公新書）2012年2月25日

・日本人はなぜ大災害を受け止めることができるのか　大石久和（海竜社）2011年10月17日

・日本辺境論　内田樹（新潮新書）2009年11月20日

・後世への最大遺物・デンマルク国の話　内村鑑三（岩波文庫）2011年9月17日

・平成24年度我が国建設企業の海外PPP事業への参画のための戦略検討業務報告書　国土交通省 2013年3月

・団塊の老後　上野健一（イースト・プレス）2009年1月15日

・社会インフラ次なる転換　野村総合研究所 神尾文彦・稲垣博信・北崎朋希（東洋経済新報社）2011年8月9日

・インフラの呪縛　山岡淳一郎（筑摩書房）2014年3月10日

定価（本体 1,200 円＋税）

未来は土木がつくる。
これが僕らの土木スタイル！

平成 27 年 3 月 31 日　第 1 版・第 1 刷発行

編集者……公益社団法人　土木学会　建設マネジメント委員会
将来ビジョン特別小委員会
委員長　高野 伸栄
出版プロジェクト統括　塩釜 浩之
編集ディレクター　高尾 朋之
編集スタッフ　松田 洋子・金石 智宏・立木 裕梨
発行者……公益社団法人　土木学会
専務理事　大西 博文

発行所……公益社団法人　土木学会
〒160-0004　東京都新宿区四谷１丁目（外濠公園内）
TEL　03-3355-3444　FAX　03-5379-2769
http://www.jsce.or.jp/
発売所……丸善出版株式会社
〒101-0051　東京都千代田区神田神保町 2-17
TEL　03-3512-3256　FAX　03-3512-3270

ISBN978-4-8106-0853-3
編集デザイン：ブロスカンパニー（株）
印刷・製本・用紙：図書印刷（株）